五南出版

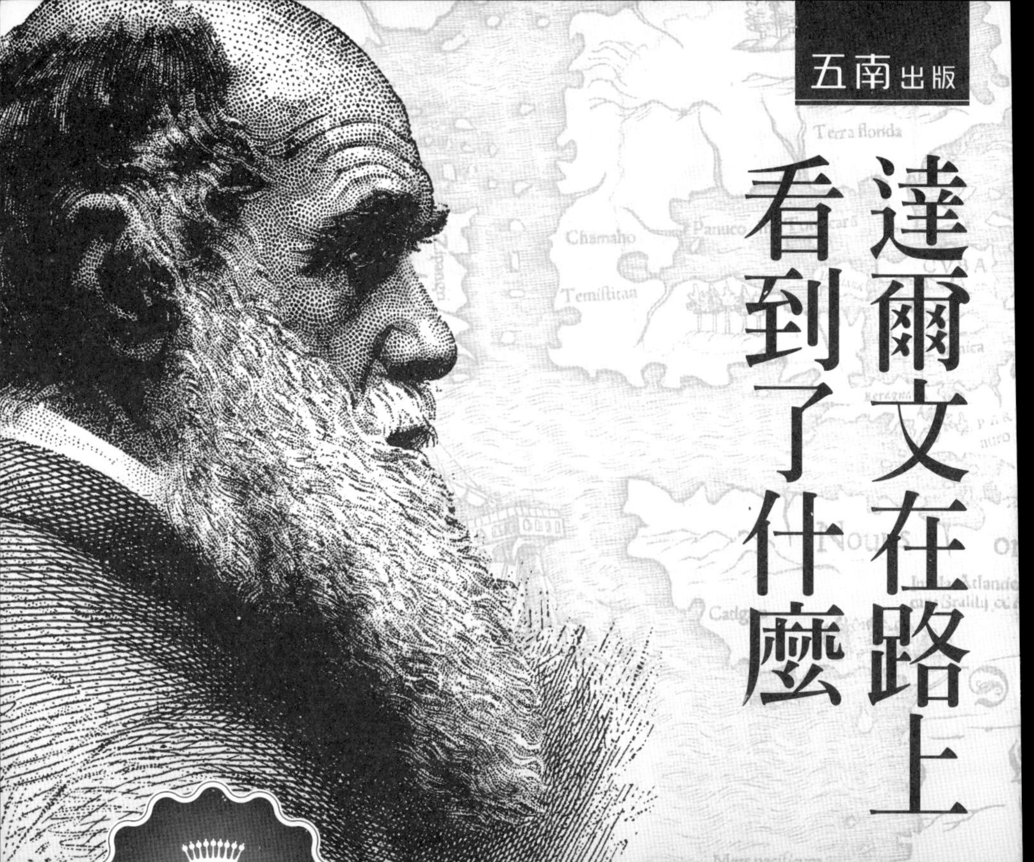

達爾文在路上看到了什麼

小獵大號
・
正式出航
・

WHAT MR. DARWIN SAW：
IN HIS VOYAGE ROUND THE WORLD
IN THE SHIP BEAGLE

達爾文 著　肖家延 譯　孔謐 審校

五南圖書出版公司 印行

導讀

這是一本寫給兒童和青少年看的書，目的是激發我們的後代學習博物學的興趣，懂得尊重生命、喜愛大自然。

達爾文是近世最偉大的博物學家之一，這本書就借用達爾文的小獵犬號航程所見，歸納了動物、人、自然、地理四篇，也合乎博物學包括動物學、植物學、人類學、地球科學的內涵。我們可以從這本書裡讀到達爾文在一八三一至一八三五年一路上看到的動物、人種、自然和地理是什麼模樣，也必然會在心裡面和現今的世界做個比較，這正是「學而不思則殆」的道理，要讀者「想想以前的樣子，想想現在的樣子」。且挑幾段文字看看這本書的思想世界：

沙漠島的馴服鳥：「…這些鳥都可以靠近，只用一根軟枝條就可以殺死它們，我自己就用帽子或草帽抓住一些。…我看到一個男孩在井邊手持樹枝站著，在小鳥到井邊喝水的時候，揮舞樹枝打死了一些鴿子和雀類。他已經收穫了一小堆鳥類作為晚餐。他說他常常有這樣的興致守在井邊。」

現在還有這樣的事嗎？是不是因爲「牠可能已經從其他國家吸取了教訓，長了智慧」？是誰「教訓」了牠們？

火地島人：「…當在冬天饑荒時，他們在殺掉狗之前先殺掉老女人做糧食。洛先生問一個男孩為什麼，這男孩回答：小狗會抓水獺，老女人不會。」

其實小獵犬號艦長費茲羅心中負有神聖的使命，他要探究上帝所創造的「人類原型」是甚麼樣子。他來到這塊未受文明污染的原型大地找到的人是不是就是「原型」？還有，「……在一八三六年十月十九日，我們最終離開了巴西海岸，感謝上帝！我永遠不會再到一個奴隸制國家」。這句話是什麼意思？

我們再看環礁島：「……旅行的人告訴我金字塔的巨大規模以及別的遺跡，但是我覺得比起這些山上的石頭——這些由細微而弱小的生物堆積起來的石頭，顯得完全不能相提並論。這是一個奇蹟，這奇蹟在第一眼不會衝擊人的眼睛，但過後想想，它會衝擊人的思維。」隨著這本書的字裡行間，亦始終牽動著

我們的「思維」，不是嗎？

黃生　國立台灣師範大學生命科學系　名譽教授

致父母

本書設計出版的目的可以用以下面一句話來概括：激發兒童學習自然歷史、物理和地理的興趣。

1

有哪個孩子對動物故事不感興趣呢？由於這一事實，此類圖書的數量，不管是系列讀物還是單本圖書，都非常龐大。但動物科學的迅速發展，對這圖書的生存有著難以估量的影響。前代的孩子，他們的好奇可以從享受懷特的《塞爾波恩》和比伊克的《四足獸》裡描寫的動物中得到滿足。懷特的經典作品一再改版，它採用了通俗的語言以及年輕讀者感興趣的插圖。而成年人或學者完全有能力閱讀原版《塞爾波恩》。然而，比伊克的《四足獸》卻沒能再版，因此人們很難獲得此書。而且該書用詞古典，不適合孩子閱讀。它那過時的插圖和現在的圖書也無法相比，要花費讀者大量時間。

《達爾文在路上看到了什麼》雖然寫於四十年前，但直到現在仍是新鮮可信，富有價值。編者認爲，把各式各樣的動物故事和一個人聯繫在一起，這種書有很大優勢。而且，一個有如此貢獻和權威卻爲人謙遜的觀察家，不應爲人忘卻。達爾文，當然就是這樣一個卓越的觀察家。另一方面，把這些動物和牠們生存的地區連繫在一起，將使讀者對動物王國的分佈有一個清晰準確的概念，並且，從更大意義上說，讀者將會擁有相應的世界地理學識。最後，把這些故事放在全書的第一部分，年輕讀者的注意力肯定能被吸引過來。

2 幾乎不亞於有趣動物故事的是：新奇民族的故事和他們的風俗，特別是粗野和凶蠻的野人。這一章節題爲「人」，它應該不會讓年輕讀者失望。

3 和前面所述的內容緊密聯繫的是，題爲「地理」的這一章節（這是一個更好設計的需要），它包括了對達爾文所到過的部分城市、高山、峽谷、平原以及一些國家地理特徵的描述。

4最後，在這一題爲「自然」的章節，讀者將會發現地球的偉大以及一些別的內容。前面章節也許涉及過這方面的內容，但編者有意保留到最後。原因是它不太容易理解。但是經驗顯示，從整體上來說這絕對會讓讀者感到很有趣。

如果編者刻意安排的循序漸進能獲得很大成功的話，這本書就能爲家庭的任何成員服務，不管是下到兒童，還是上至老人。孩子，只要他們感興趣，或者，隨著他的學識漸開，能夠熟練理解，直到最後完全掌握，任何時間內都可以讓他們在閱讀本書中受益。

同時，雖然父母比他們孩子們所知更多，他們也可以節選章節選讀。它的文學價值也比想像中的要好。那些相信達爾文是唯物主義者的人們將會發現，達爾文對人世關懷的雄辯，絲毫不遜於古羅馬戲劇演員傳世經典名言——「我是人，任何有關人的事，我都關心」。

一些插圖和說明借用於原書和它的姊妹書，但一些數字借用了其他資源，其目的是爲了傳遞準確的資訊。散佈於本書的地圖，包含了本書所提到的每一個重要的地理名稱。畢竟，希望每一個第一次讀這本《達爾文在路上看到了什麼》的人（有的也許會勾起他第一次到國外旅遊的記憶），或遲或早會把自己融入自哥倫布以來最重要航行的奇妙而完整的故事中去。

致青少年

你知道，每一個人都有眼睛。有些人是盲人，有些人不是盲人但戴上了眼鏡。但是那些眼力很好的人也一樣看不到某些事物。在坐滿一屋子人的房間裡，你會看到你的爸爸媽媽，如果其他的人都是陌生人，你也許不會去注意他們中的大多數人。或者，如果剛接受啓蒙教育而讓你讀一頁書，你也許只會看到你懂得如何書寫的文字，很可能不會注意其他許多你不認識的文字。春天去尋找花草，如果你對植物所知甚少的話，那些懂得銀蓮花和地錢花的夥伴，將會比你發現更多植物的種類。如果我們在樹林裡散步，一些人回到家就只會記得他們以前看到過的樹，有的人，可能曾看到松樹和橡樹，我呢，曾見過樺樹和白蠟樹。再比如，如果我們前往從未走過的地方遠足，一些人，下一次即使不給他們指示，也能順著原路前行，另一些人可能在第一個拐彎時就迷路了。

因此，那些看得最清楚的，是那些懂得最多，或是喜歡接受新事物的人。

達爾文，我正要給你們講述的這個人，就是最能夠看清事物的人之一。部分是因爲他清楚地知道要看什麼，部分是因爲沒有什麼能逃過他的眼睛。在旅行之前，他讀了很多關於旅行的書。而且會記住那些在一定時間裡對他來說很有用的東西。在旅行的過程中，他也在不斷學習，比如，在顯微鏡的幫助下觀察細微物體。

人們到現在也沒從他們的驚訝中恢復過來——他們知道達爾文看到了許多重要的東西，而自己卻沒有看到過，或者是看到過卻沒有想到。現在，自達爾文向世人顯示他的發現以來，全世界都以不同的眼光看待問題。你將在閱讀這本《達爾文在路上看到了什麼》的故事中發現，達爾文是如何看待事物的。

查爾斯·達爾文（他的全稱是查爾斯·羅伯特·達爾文）生於一八〇九年二月十二日，出生地是舒茲伯利（Shrewsbury）——英格蘭薩洛普郡的一個著名城鎮。他的父親是羅伯特·達爾文博士，祖父是伊拉斯莫因·達爾文博士，也是一個傑出的博物學者。外祖父名叫約西亞·韋奇伍德，一個著名的陶瓷生產商，一些瓷器上還有他的名字。達爾文首先在舒茲伯利接受教育，然後上了愛丁堡大學，最後在劍橋的基督學院畢業。他學業的最後一年是一八三一年。當時的艦長費茲羅邀請他作爲小獵犬號的博物學者。在一八三一年十二月二十七日，在英格蘭的德文珀特港口，遠航開始了。直到一八三六年的十月二十二日，這次遠航才結束。

繼金船長在一八二六到一八三〇年的遠航之後，這次遠征的目標除了環球遠航，還有勘測巴塔哥尼亞、火地島，以及智利、秘魯的海岸線，和太平洋的一些海島。達爾文第一次在英格蘭之外度過的耶誕節是在聖馬丁的小海灣（一八三二年），靠近合恩角；第二次是（一八三三年）在巴塔哥尼亞的希望港；第三次是（一八三四年）在特雷斯．蒙蒂斯半島的野港，也是在巴塔哥尼亞；第四次也是最後一次是（一八三五年）在紐西蘭的島嶼灣。

第十五頁顯示此次遠征的路線圖。在你閱讀《達爾文在路上看到了什麼》之前，你可以算算在第十六頁湯瑪斯．比伊克木刻的各式各樣動物，努力使自己成爲一個傑出的觀察家。

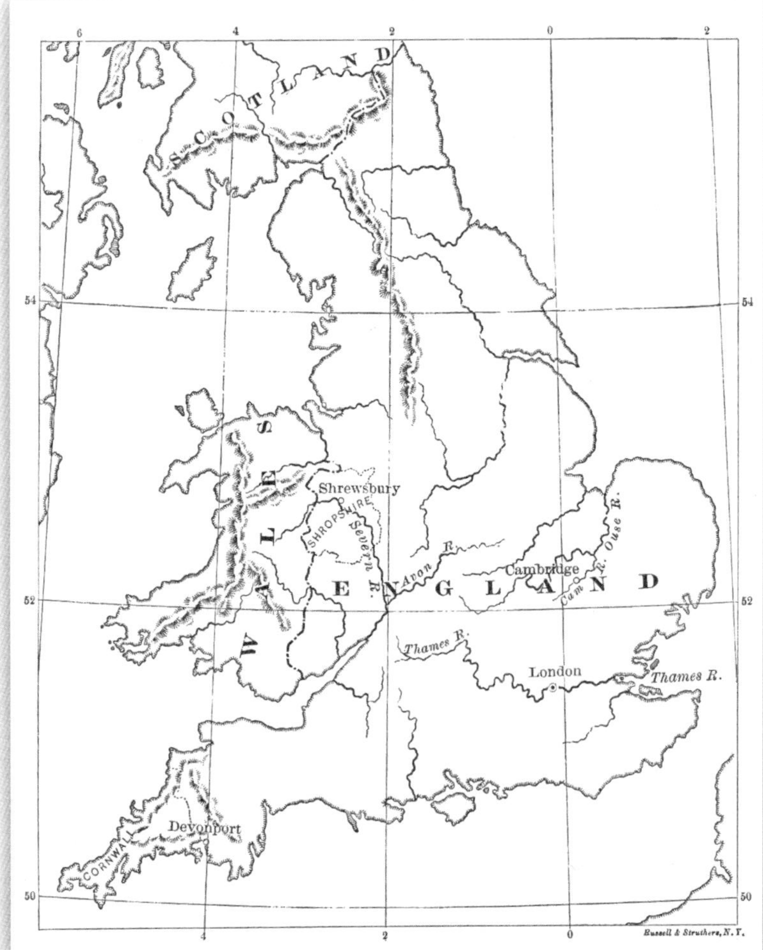
SCOTLAND
WALES
ENGLAND
Shrewsbury
SHROPSHIRE
Severn R.
Avon R.
Cambridge
Cam R.
Ouse R.
Thames R.
London
Thames R.
Devonport
CORNWALL
Russell & Struthers, N.Y.

英格蘭和威爾斯

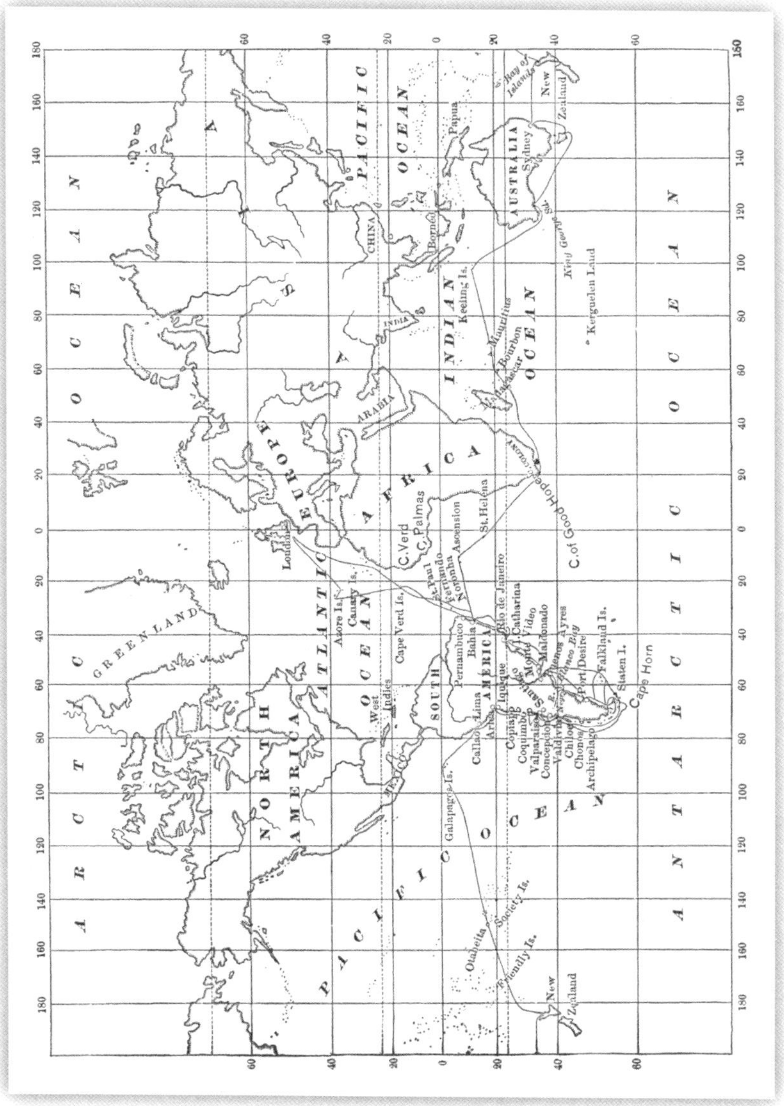
ARCTIC OCEAN
GREENLAND
NORTH AMERICA
EUROPE
ASIA
AFRICA
ARABIA
INDIA
CHINA
Borneo
Papua
AUSTRALIA
Sydney
New Zealand
Bay of Islands
King George Sd.
Kerguelen Land
Keeling Is.
Mauritius
Bourbon
Madagascar
C. of Good Hope
St. Helena
Ascension
C. Palmas
C. Verd
London
Azore Is.
Canary Is.
Cape Verd Is.
St. Paul
Fernando Noronha
Rio de Janeiro
Bahia
Pernambuco
St. Catharina
Monte Video
Maldonado
Buenos Ayres
Falkland Is.
Port Desire
Staten I.
Cape Horn
SOUTH AMERICA
Lima
Callao
Arica
Iquique
Copiapo
Coquimbo
Valparaiso
Concepcion
Valdivia
Chiloe
Chonos Archipelago
West Indies
MEXICO
Galapagos Is.
Society Is.
Otaheita
Friendly Is.
NORTH ATLANTIC OCEAN
PACIFIC OCEAN
INDIAN OCEAN
ANTARCTIC OCEAN

小獵犬號之航旅

伊索王國（比伊克）

目錄

2. 人

3. 地理

1. 動物

馬（烏拉圭Uruguay，阿根廷Argentine Republic）

穿過聖盧西亞河口，我驚訝地發現，雖然我們的馬很少游泳，但它們能非常輕易地游過寬達至少五百四十九米的河流。在蒙得維的亞談論此事時，有人對我說，一艘載有騙子和馬的船在普拉塔擱淺了，有一匹馬遊了十一公里，然後上岸。那天，我們被一件事情逗樂了，一名高卓牧人驅使一匹倔馬游泳，他脫光身上所有衣服，跳到馬背上，騎入水中直至水漫過馬背，然後從馬背後滑抓住馬尾。馬兒每次轉頭，他都手掌擊水潑濺馬臉以驚嚇它。一旦馬臥入水底，他就立起來。在馬到達對岸前，他一手提韁，穩當當地坐著。裸男騎裸馬，確實是一道風景。我從未知曉這兩種動物是如此相配的一對。

馬尾的確是非常有用的附屬肢體。和高卓人擺渡方

古希臘馬術比賽

亞美尼亞馬助打穀（小亞細亞）

法一樣，我曾和四個人乘船擺渡過一條河。如果一人一馬要穿過一條寬河，那最好的辦法就是抓住馬鞍或馬鬃，並隨機利用另一隻手。

在穿過里奧．科羅拉多河時，我們被一群群的母馬耽擱了。這些過河母馬，是想跟著先前的一支馬群去內陸的。從沒有如此有趣的景象讓我這麼著迷：成百上千的馬頭，豎起的耳朵，仰天的鼻孔，共朝一個方向。馬頭在水面上，就像一群兩棲動物在淺灘上。母馬的肉是探險勇士的唯一食物。這給了勇士們非常良好的出行條件。馬兒在這平原上奔跑的路程讓人相當吃驚。我確信一匹不負重的馬一天能跑一百六十公里，而且可以連跑幾天。

在拉斯維格斯附近的一個牧場，每週都有很多母馬因它們的馬皮價值而被殺掉，雖然每張馬皮只值五美元。起初你會感到驚訝，只為了這麼一點小錢就去殺掉母馬。

但是，在這個國家，去馴服一匹母馬或去騎它都被認為是荒謬可笑的，母馬除了生育，別無價值。我在那裡唯一看到母馬的用處是把小麥從麥穗裡踩出。母馬在一個圍場裡被趕著跑，場上散撒著一束束麥穗。

在南美，當地的馬本應生長、繁衍、進化、消失，但和西班牙殖民者帶來的寥寥馬匹到來後，沒過幾代，南美本地馬就被外來馬匹的大量後代取代。這著實讓人驚奇。大象、乳齒象、馬，它們的遺骨可在西伯利亞和白令海峽兩邊找到。我們的想像也不由得被引導到北美大陸的西北角，這應是人們所說的新世界和舊世界的物種集散地。

北美的大象、乳齒象、馬，看起來很可能在海水還未完全淹沒白令海峽之前，從西伯利亞通過白令「陸橋」到達北美，再從那裡，在西印度群島淹沒之前通過陸地到達南美。在南美，它們和帶有當地特徵的動物混居一段時間後，從此滅絕。

西班牙人帶來的第一批馬於一五三七年到達布宜諾斯艾利斯，然而不久之後這塊殖民地被拋棄了，

大地懶的化石

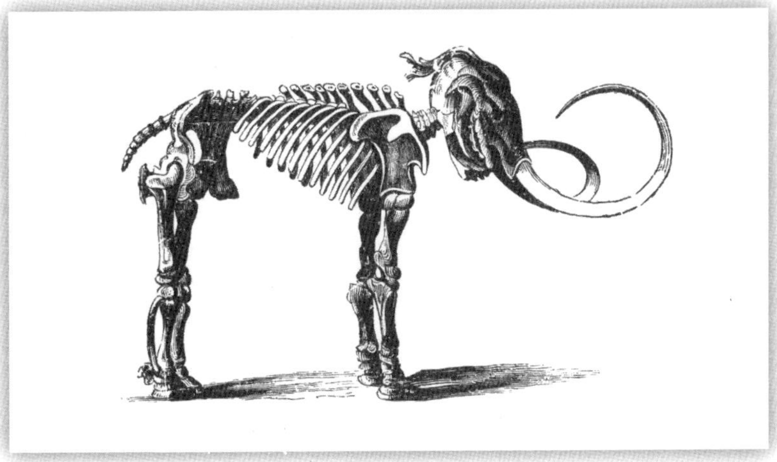

大象化石

馬也因而變成野馬。一五八〇年，僅僅四十三年之後，我們聽說在麥哲倫海峽就有了這種馬。

騾子（智利Chile）

在離波蒂略關口一半的路程時，我們看到一群七十匹騾子組成的大騾隊。聽趕騾人的吆喝，以及觀看長長的騾隊，真是一大樂事。騾子顯得很小，小得幾乎看不見，只有荒山襯托之下才依稀可見。「伴娘」（或叫教母）是最重要的角色，她是一匹老成穩健的母騾，脖子上繞著一個小鈴鐺。無論她走到哪裡，那些騾子就像乖小孩一樣跟著她。

這些動物對它們「伴娘」的依賴免去了趕騾人不計其數的麻煩。如果早上要放幾大批騾子進入草場吃草，趕騾人只要把伴娘們各自帶到一邊，搖動鈴鐺。雖然可能有兩三百隻聚在一起，然而每頭騾子能立刻聽到它們自己「伴娘」的鈴聲，並靠近過來。老騾子的方向感很強，你幾乎不可能走失一頭老騾。如果你把一隻騾子「拘留」幾個小時，一般不是伴娘去找它，而是它像狗一樣，憑著嗅覺找到同伴。據趕騾人說，伴娘是群騾的首要感情依靠物件。

然而，我想的是——任何一頭帶鈴鐺的動物都可以成爲「伴娘」。

在平地，每頭騾子能扛二百零九公斤；但如在山路，就扛不動四十五公斤。然而這樣細膩弱小肢體，沒有任何大塊的肌肉，它們卻能扛得住如此大的重量。對我來說，騾子是一種最令人驚奇的動物。它是馬和驢的後代，應該擁有比它的雙親更強的分析能力、記憶能力、執著精神、社會情感、耐受能力和生命長度。這看起來意味著，在這方面，藝術勝過自然。

牛（烏拉圭Uruguay）

一個牧場的主要任務是每星期兩次把牛趕到一個中央場地去，其目的是爲了馴服它們和清點頭數。清點頭數是很困難的，這些聚在一起的牛有時是一萬頭，有時甚至是一萬五千。管理這些牛的首要辦法是讓牠們自己分成比較穩定的小群，比如每群四十至一百頭。然後用特殊記號標記每群牛裡的一些牛。這些有特殊記號的牛數量是已知的。因此如果計數時牛少於一萬頭，那就應該是還有小群的牛沒有到場。在暴風雨的夜晚，所有的牛

高卓人在牧場給牛上標記

都混雜在一起，但第二天早上就如同以往一樣地分開。由此看來，每頭牛都能從上萬頭牛中認出它們的夥伴。

狗（烏拉圭Uruguay）

當騎馬散步時，你會常常發現在前方離房子或人幾千米處，有一兩隻狗護衛著一大群綿羊。我常常驚歎：人狗及狗羊之間，這是多麼友好和牢固的關係啊！馴狗的辦法包括：在小狗還非常小的時候，就把牠和母狗分開，然後使牠習慣和未來的夥伴——主人生活。主人每天讓牠舔母羊三、四次，並在羊棚內

牧羊犬

爲牠搭個羊毛窩。主人也從不允許小狗和其他的狗在一起，或和家裡的小孩玩在一起。在受過這樣的馴化後，狗就再也沒有離開主人和這群羊的念頭了。就像其他的狗一樣，會保護主人，也會保護羊群。

當你走近一群羊，你會看到，狗會立即上前開始吠叫，而綿羊則會躲到狗的後面，就好像躲在老綿羊後面一樣。你也很容易教狗在傍晚一定時點上帶羊群回家。

牧羊犬最大的麻煩是：年輕的狗愛玩弄綿羊。這是牠們的習性，牠們有時會非常無情地拖著綿羊滿地打滾。

牧羊犬每天回來吃飯，每當人們把食物扔給牠，牠會立即叼著躲閃開了，好像爲自己感到羞恥一樣。在一些場合下，家犬會非常暴虐，但很少會攻擊和追趕陌生者。當牧羊犬回到羊群時，牠左轉右轉開始吠叫，然後所有家犬立即跟著嚎叫。同樣地，一群饑餓的野狗也很少會去冒險攻擊哪怕是只有一隻牧羊犬保護的羊群。在這種情況下，牧羊犬把綿羊當成親密「兄弟」，因而受到信任。野狗知道只有羊沒有狗，好吃；但看到一群羊由一隻牧羊犬領著，在一定程度上牠們也不敢冒險亂來。

猴子（巴西Brazil）

在里約熱內盧的一段日子，我居住在波塔佛戈（Botafogo）灣的一個村子。一個葡萄牙老牧師帶我去打獵。這打獵就是和幾隻狗埋伏起來，然後耐心等待，向任何可能出現的獵物開火。我的夥伴——牧師前天就曾獵殺了兩隻長鬍子的大猴子。這

卷尾猴

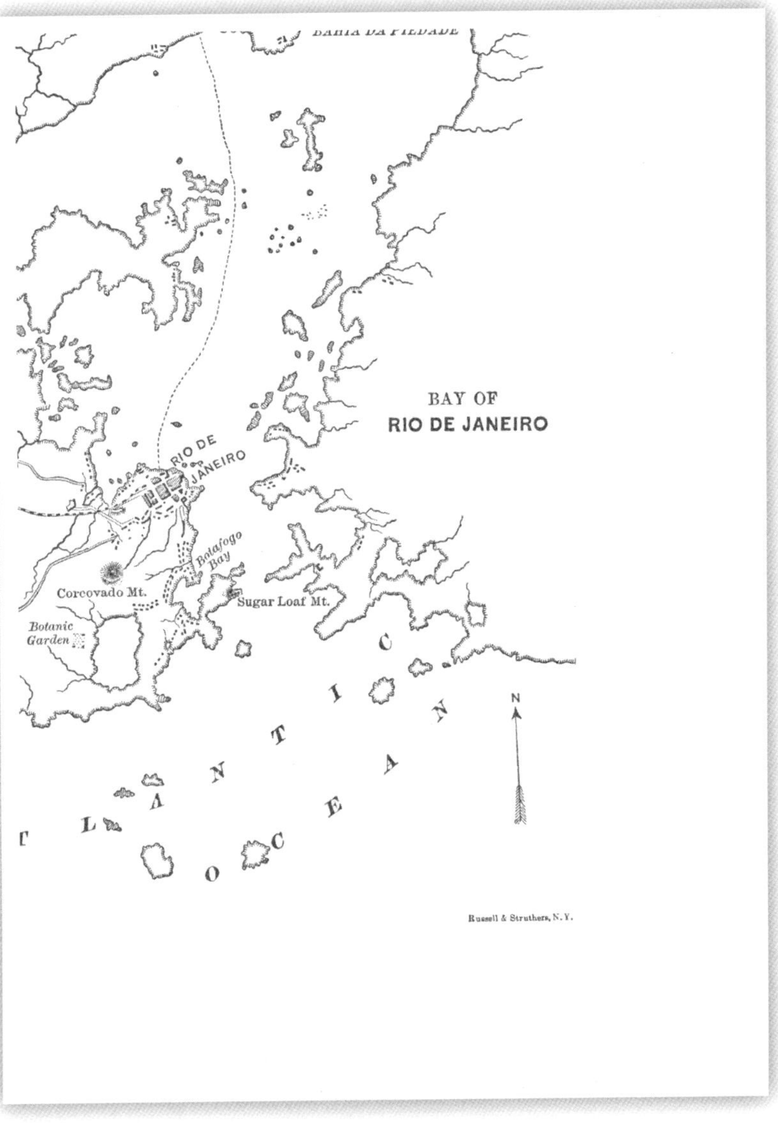
BAHIA DA PIEDADE
BAY OF
RIO DE JANEIRO
RIO DE
JANEIRO
Botafogo
Bay
Corcovado Mt.
Sugar Loaf Mt.
Botanic
Garden
T L A N T I C
O C E A N
N
Russell & Struthers, N.Y.

里約熱內盧之灣

巨嘴鳥

些猴子是卷尾猴，有著伸手可握的尾巴，非常烈性，一隻卷尾猴即使死了，也還能站立著。我們射到的一隻猴子，受傷後仍然迅速地飛躥到一根樹枝上；如果不砍掉這棵大樹，就得不到這個猴子。很快，樹倒了，猴子也撞了個血肉模糊。我們一天狩獵所得，除了猴子，還有一些小小的綠鸚鵡和幾隻巨嘴鳥。

駱馬（巴塔哥尼亞Patagonia）

駱馬，或叫美洲野駝，是巴塔哥尼亞平原一種獨具特色的四足動物；牠是東方駱駝的南美「代表」，有著優雅的形體，細長的脖子，纖細的雙足。在這個大陸的溫和地帶，即使遠到南方的合恩角，也很常見。一般來說，牠們六到三十隻一群。但在聖克魯斯河岸，我們看到的一群駱馬至少有五百隻。

牠們一般野性十足，極其警覺。獵人聽到在很遠的地方傳來的獨特的警惕性嘶叫，就知道牠們來了。

如果駱馬專心看，牠可能會看到遠處山邊路上的一群同類。當靠得更近時，牠就會發出更多的長聲尖叫，然後沿著羊腸小路跑到鄰山，看起來很慢，實際上很快。如果牠和單獨一隻或少數幾隻同類猝然相遇，通常會無表情地站著，目不轉睛地注視著，然後向前走幾米，轉下身子，再度注視。牠們害羞的原因是什麼？牠們會把在遠處的人類誤認爲是天敵美洲獅嗎？或者好奇心會戰勝膽怯？牠們的好奇心是顯然的。如果有人在地上做滑稽動作，比如把兩隻腳伸向天空，牠們通常會靠過來看個究竟。我們的獵手也常成功地玩弄這個花招。這樣

駱馬

能讓獵人爭取時間多射幾槍。這也成爲獵人狩獵過程的一部分內容。在火地島，我曾不止一次看到過駱馬。靠近時，牠們不僅鳴叫嚎嘶，後足立地騰躍，或滑稽跳動，顯得非常可笑。很顯然，牠們是在抵制，也是在挑戰。這些動物很容易馴化，我曾看到牠們被飼養在巴塔哥尼亞附近的一座房子裡，主人也沒把他們圈養或繫住。

牠們在某些情況下非常勇敢，會用雙膝攻擊人的後背。然而，野駱馬沒有防禦概念，即便一條狗也會拖延一隻大駱馬的逃走時間，等待獵人的到來。牠們的一些習性像綿羊，喜歡群居。當發現獵人在馬上從幾個方向逼近，牠們立時變得糊塗了，不懂得往哪個方向跑。這種特性很適合印第安人的狩獵模式，牠們很容易被趕到中心地帶，被包圍起來。

駱馬隨時準備去喝水。有好幾次在瓦爾德斯港口，人們發現牠們在從一個海島遊到另一個海島。拜倫說在他的航海

約翰・拜倫

約翰・拜倫，英國海軍司令。一七二三年十月八日出生，一七八六年四月十九日去世，海軍將軍拜倫・約翰爵士的孫子，一個詩人。在安森的全球航行中，他和安森於一七四〇年九月離開英國。一七四一年五月他的船在巴塔哥尼亞西部海岸失事擱淺，隨後他遭受巨大的艱辛，以後在他的書《約翰・拜倫先生的講述（海軍準將的後全

旅行時看到駱馬喝鹹水。我們的航行官員同樣也在布蘭卡港看到一群駱馬在喝水，很顯然牠們在喝鹽澤裡的鹹水。我在想，在這個地方，如果不喝鹽水，牠們就無水可喝了。中午時間牠們一般在碟子狀的山谷裡滾爬戲水。駱馬有時看起來像要去遠征。在離海濱五十公里的布蘭卡，這些動物非常罕見。有一次我看見三十或四十隻一群的駱馬，筆直地沿著潮濕的鹽水溪前進，牠們可能認爲這樣會靠近大海，因爲牠們曾經跟蹤過一隊騎兵的車輪前進，並沿著走過的路回來。駱馬，就像綿羊，經常走曾經走過的路。

美洲獅和禿鷲，以及別的食肉鷹，會跟蹤並捕食這些動物，在聖克魯斯的河岸，美洲豹的足跡到處都是。一些駱馬的骨骸，顯現出頭身分離，骨頭折斷，這也揭示了牠們是如何遭遇滅亡的。

球航行）》（一七六八年出版於倫敦）裡，包含了這段從一七四〇到一七四六回到英國的經歷。在巴塔哥尼亞西岸，他和同伴遭受了巨大沮喪和精神壓抑。這「後環球航行」指的是發生在一七六四—一七六六年的航行。

美洲獅（智利Chile）

美洲獅，或南美獅子，在智利並非罕見。這種動物的地理分佈很寬廣，從赤道叢林穿過巴塔哥尼亞沙漠，甚至在南方遙遠寒冷高緯度的火地島（五十三至五四度），都可以見到牠們的蹤影。我曾在海拔至少三千公尺的智利中心的山脈地區看到過牠們的足跡。在拉普拉塔，美洲獅主要獵食麋鹿、鴕鳥、絨鼠和其他四足小動物。在那裡，牠們很少攻擊牛或馬，也幾乎很少攻擊人。但是在智利，牠們會獵食很多小馬和牛，可能的原因是因爲

美洲獅

那裡缺乏其他四足動物。另外，我也聽說過兩男一女被美洲獅戕害。據說，美洲獅進攻時，經常把前肢壓在獵物肩部，然後用牠的一隻爪子把獵物的頭反轉過來，直至頸椎崩裂。

在飽餐獵物內臟後，美洲獅用樹枝蓋住獵物屍身，然後躺下守住。它的這種習性被其他動物摸透。禿鷲在天空盤旋，不時俯衝下來分享美味，獅子氣沖沖地過來驅趕，禿鷲就急忙叼了一塊肉飛回到天上。智利人聽到他們的家畜被獅子盯上，立即互相通知，男人和狗集合後迅速追趕。

美洲獅的肉和小牛肉在顏色、味道上都很相似，令食客大快朵頤。

美洲虎

大河旁的樹林邊看起來是美洲虎常逗留的地方，但是在南普拉塔，有人對我說，牠們經常在湖邊蘆葦叢裡出沒，看來，牠們是喜水動物。其最主要的獵物是河豬，通常哪裡有很多河豬，那裡的人就會很安全。放鷹者說，在南普拉塔有許

美洲虎

多美洲虎，牠們主要以魚爲食。我不時就會聽到這些傳聞：在普拉納，牠們咬死了許多砍柴人，在晚間還曾闖進貨船。當大水漫天而來，島上這些動物就會變得非常危險。有人對我說，幾年前，一隻很大的老虎進入聖菲的一個教堂，兩個前後腳進來的牧師，一個被戕害，另一個踉踉蹌蹌逃走。這隻野獸後來被從一個沒有屋頂的房子裡射出來的子彈射殺。

近來，牠們也糟蹋牛馬，造成很大損失。據說，牠們咬住獵物的脖子來殺死獵物。美洲虎是很會製造噪音的動物，喜歡在晚上吼叫，特別會在壞天氣到來前怒吼。

一天，我在烏拉圭河岸打獵。有人告訴我，有三種樹，美洲虎用它們磨利爪牙，有這些樹的地區也是美洲虎常出沒的地方。我看了這三種很普通的樹，前面的樹皮被磨平了，好像是由胸部磨的，兩邊的樹皮有很深的痕跡，或者說是深溝，有近一米長。這些樹的傷痕是不同時間抓出來的。因此，要想知道附近是否有老虎出沒，檢查這些樹皮即可。

美洲虎的這些性格和普通的貓很相像，也許這些貓哪一天會用長腿及鋒利的爪子去抓傷椅腳。

我聽說英格蘭果園裡的果樹就是這樣被傷害的，美洲虎也有其他一些特點，在裸露貧瘠的巴塔哥尼亞硬地上，我常看到一些痕跡，它們是如此之深，應該沒有其他動物可以做得到。我相信，動物的這種做法，不是像高卓人所認爲的那樣是爲了磨利爪牙，而是抹掉掌中的粗糙部位。在狗的幫助下，把一隻老虎

水豚

逼上一棵樹後，再加幾發子彈，殺掉老虎也不算難事。

高桌牧人對美洲虎的肉味好壞有不同的意見，但他們一致同意美洲獅肉比較好吃。

絨鼠

彭巴草原（南美草原）的絨鼠有點像大兔子，但帶有齧齒和長尾。牠所分佈的地理區域有些奇怪：從「東方班達」（烏拉圭）到烏拉圭河東岸的居民從未發現過絨鼠，然而這個地方有很多適合牠們居住的平原。對絨鼠來說，儘管巴拉那河的障礙已被跨越，但烏拉圭河對牠們的遷徙形成了一道不可逾越的屏障。在這兩大河流之間的省區恩特雷·

里奧斯（Entre Rios），絨鼠隨處可見；在布宜諾斯艾利斯附近地區，尤爲普遍。它們喜愛逗留的地方是在一年中有半年被薊草覆蓋的平原地區。

高卓人稱絨鼠靠樹根生活，看看牠們強有力的齧齒，以及經常出沒的地方，這種說法還挺有道理。在晚上，絨鼠成群結隊出動，靜靜地坐在牠們經常出沒的地方的洞口。在這樣的時刻，牠們顯得非常地溫順。

牠們跑起來顯得笨拙。在逃離危險後，那翹起的尾巴以及短短的前肢看起來極像大兔子。牠們的肉烤過之後很白，也很可口，但人們很少吃到。

絨鼠只有一種單一的愛好，就是愛把硬東西搬到洞門口。在每一組的地洞口，許多的牛骨頭、石頭、薊莖、硬土塊、乾糞便等等，都被堆成不規則形狀的堆。

這一堆堆東西，要有獨輪手推車大小的容器才可以裝得下。有人告訴我一個故事，一個紳士在夜晚騎馬時丟了一只手錶，他早起沿路搜查每一個絨鼠洞，就像他所期待的，他很快就找到了手錶。我相信這個故事是眞實的。絨鼠的這種撿拾任何住處附近地面東西的習性，會引起許多麻煩。我猜不出牠們這樣做的目

澳大利亞園丁鳥

的，但這絕非是爲了防衛，因爲那些雜物主要放在洞口毫無疑問，應該有其他原因，但這個國家的人民對這個問題毫不關心。

我所知道的唯一有這種習性的動物是一種澳大利亞的不平常的鳥（斑頭亭巢鳥），牠們用樹枝拱成一個雅致的通道，用以作爲玩樂場所，也在附近陸地上收撿東西，如貝殼、骨頭、鳥類羽毛，特別喜愛的是白色的一類。古爾德先生告訴我，當地土著

約翰·古爾德，英國鳥類學家。一八〇四年九月十四日出生於英國多塞特郡，

居民丟東西時，就去這些拱形通道找。有人因此找回了一支煙槍。

海獅（喬諾斯群島Chonos Archipelego, Chile）

我曾乘坐一艘小船，陪比格爾艦長去喬諾斯群島的一條深溪源頭。一路上我們所看到的海獅數量確實驚人：每一塊平石上以及海灘上，到處都是海獅。牠們看起來很可愛，並且像豬一樣擠在一起熟睡。但是對於牠們的骯髒和臭味，即使是豬也會感到臉紅。

美洲兀鷹耐心且邪惡地看著每隻海獅。這種討厭的紅禿鳥，光光的紅禿頭

他的第一本書《一個世紀來自喜馬拉雅山的鳥類》出版於一八三二年，第二本書《歐洲的鳥類》出版於一八三二—一八三七年。後兩年他旅行到澳大利亞，這導致另兩本重要的書出版——《澳洲之哺乳動物》（一八四五年）和《澳洲之鳥》（一八四八—一八六九年）。他也是《澳洲鳥類之手冊》（一八六五年）和《大不列顛之鳥類》（一八六二—一八七三年）的作者。在「小獵犬」之旅的動物報告中，古爾德貢獻了「鳥類」那一章節。

是在腐土爛泥裡滾出來的。美洲兀鷹在南美海灘非常普遍。牠們湊到海獅這裡，也告訴了我們牠們依靠什麼為生。我們發現海水（也許只限於海面）很清澈，這是因為來了幾次洪流。洪流在禿禿的花崗岩山上形成瀑布，曲曲折折，流入海裡。新鮮的淡水引來了魚，也引來燕鷗、海鷗和兩種鸕鷀。

我們看到一對漂亮的黑頸天鵝和幾隻小水獺，這種水獺皮的價值很高。返回時，我們又被一群海獅的現場表演逗樂了，這群海獅，老的小的，在船經過時，跌跌撞撞跳

海獅

燕鷗

鷗

海獅

到水裡。可它們在水裡並沒待多久，就冒出來跟在船後，伸出老長的脖子，顯得相當困惑與好奇。

鯨（火地島Tierra Del Fueco）

幾隻巨鯨噴著水柱來往於比格爾海峽，這可以簡單地說明比格爾海峽是這片海域的「手臂」（海灣）這一事實。有一次偶然的機會我看到兩隻這種巨大怪物，可能是一雄一雌，一前一後緩慢地游著，離岸很近，一塊石頭都可扔到它們的身上。

岸上一株山毛櫸正枝繁葉茂。

另一次在火地島東岸，我們看到一個大場景：幾隻巨鯨直直地朝上跳，跳出相當高的水面，除了尾鰭還在水裡。牠們側身跌落，濺起的水花飛得老高，回音就像是遠方的舷炮聲。

海豚（大西洋Atlantic Ocean）

一八三二年七月五日早上，我們站在壯觀的里約熱內盧碼頭，準備出發去普拉塔。除了有一天見到一大群的海豚，沿路基本上沒有看到特別的東西。那個海豚群應有幾百隻。海面的波紋就是牠們「犁」出來的。這時，一個非凡的壯觀景象出現了：幾百隻海豚一起在海面跳動，身子完全露出來；落下之後砸開水面，水花四濺。我們船行速度爲每小時九海哩，這些動物竟能在船頭前輕易來回，然後向前衝浪。當船到達普拉塔河口，天氣變得不穩定了。漆黑的夜晚，我們被很多海獅和企鵝包圍著，牠們製造出非常奇怪的聲音，以至於我們在船上觀察的官員說他聽到岸上有牛在吼叫。第二個晚上我們見證了一個非常壯觀的自然火焰：桅頂和桁端閃耀著聖．埃爾莫之火，風向標也像是要燃著，好像它在和磷石摩擦。大海是如此明亮，走動的企鵝似乎也帶著火紅的尾跡。

黑暗的天空暫時由最閃亮的燈火點亮。

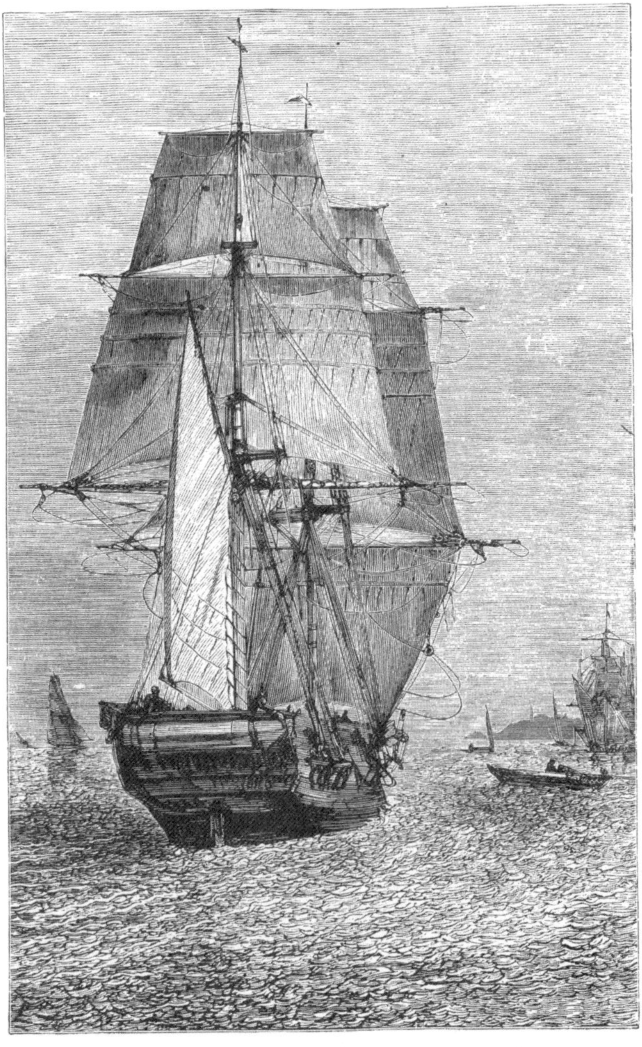

磷光海

蜥蜴（太平洋Pacific Ocean）

居住在加拉巴哥（意爲「巨龜」）群島的海洋鬣蜥（伯勞）是很值得注意的蜥蜴。牠分成兩類，在外形上看起來很相似。一類是陸地品種，一類是水中品種。後者在群島，非常普遍，牠們群居在多岩的海灘上。然而近岸九米，就看不到牠的身影（至少我沒見過）。這是一種醜陋的動物，有著很髒的黑顏色和愚笨的行姿。一條長成的蜥蜴一般長〇．九米，但也有一．二米長的。

尾部側向扁平，四肢的趾間有半腳蹼。在海岸幾百米之外偶爾也能看到牠們游泳。然而奇怪的是，當受到驚嚇時牠們不跳入水中。因此，人們很容易把蜥蜴趕入海邊低地，抓住牠們的尾巴。牠們看起來沒有「咬」的概念，很恐懼時，會從鼻孔噴出一滴液體。好幾次我盡力把蜥蜴扔到一個退潮之後留下的水潭，但牠總能直直地回到我站立的地方。牠們貼近水底游泳，樣子優雅，移動很快，在不平的水底，偶爾用腳撐一撐。

一旦它們遊到池塘邊緣，會躲入水下的海藻或岩石縫裡，感覺危險解除了，就緩緩爬出，來到岩石上，用最快的速度逃走。我經常把蜥蜴扔入水裡，就

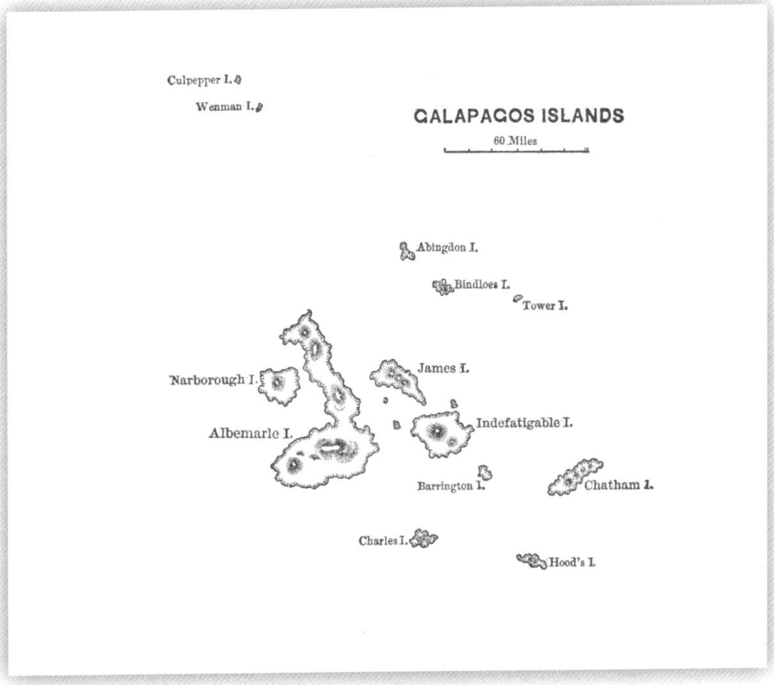

加拉巴哥群島

像我前面講過的一樣，牠還是照樣回到岸上。這種爬行動物如此愚鈍可以用牠在岸上沒有任何天敵的理由來解釋，在海裡牠們反而會經常成爲鯊魚的腹中物。也許這就形成了一種遺傳性直覺，認爲岸上永遠是安全的，因此，無論發生什麼危險，都要到岸上去躲避。

陸地上的這種蜥蜴帶有圓尾巴，趾間沒

蹼，棲息於群島的高地或濕地。在低地和荒蕪區，牠們的數量可能會更多。我不能給出一個更加強有力的數字證據，只能作出這樣的陳述。

當我們待在詹姆斯島時，好長一段時間找不到一個地方來搭單人帳篷，滿地都是蜥蜴洞穴。就像牠們的近親——海上的蜥蜴品種一樣，牠們也長得醜陋，腹底橘黃，背部棕紅。挖洞穴時，這種動物會輪流使用左右半身，一隻前足扒起土壤扔到後足；一邊的身子累了，就用另一邊，輪流替換。這些挖出的土將會被很好地放置，在洞口之外堆得很高。有一次我觀看了很長時間，直到蜥蜴半個身子都被土埋了，我走上前去揪牠的尾巴，牠一下子驚呆了，很快掙扎著轉身看看究竟發生了什麼事情。然後盯著我的臉，好像在問，「爲什麼揪住我的尾巴？」牠們白天進食，不會游離洞穴很遠。如果受驚了，就笨拙地衝回洞穴。當牠們注意地盯著人看時，會捲起尾巴，立起前足，上下點頭，有意使自己顯得很狂暴。但實際上牠們一點也不暴力。如果有人站在地上，伸腳踩牠，牠會搖擺著盡可能快地跑掉。我經常看到一些吃蒼蠅的小蜥蜴，當看到任何東西，牠們也同樣地上下點頭，但我不知道那是什麼緣故。如果這蜥蜴被樹枝等困住了，牠會狠命地咬掉

猶他沙漠的仙人掌

它。

我曾經抓住幾隻蜥蜴的尾巴，但牠們並沒有咬我。如果把兩隻放在地上，牠們會狠鬥，互相撕咬對方，直至流血。小鳥也知道這些動物無害，我曾看到厚嘴雀叼著仙人掌的一端，而蜥蜴咬著另一端。小鳥對蜥蜴極其漠視，還跳到牠的背上玩耍。我剖開過這種蜥蜴的胃，發現裡面充滿著蔬菜纖維以及各種不同的樹葉，特別是刺槐的樹葉。爲了吃到刺槐樹葉，牠們會爬上低矮的刺槐樹。一對對蜥蜴在離地面幾米的枝條上靜靜地啃樹葉，這種情形也很常見。

龜

在查理斯島叢林裡，有許多野豬和山羊，但主要的動物性食物來源於烏龜。當然牠們的數量現在少了很多，但人們仍寄望於兩天的出獵能給他們帶來一週的糧食。據說，以前一艘船會運走七百隻烏龜。一些烏龜的體型相當大。英國人勞森先生是這塊殖民地的副總督，他告訴我們他曾看到過幾隻特大烏龜，要六到八人才能抬得動，有些龜能挖出九十公斤的肉。老雄龜的個體是最大的，而雌龜很少會長得那麼大；分辨雄龜、雌龜的簡單辦法就是看牠們的個頭大小。生活在無水或在低地和乾燥海島上的烏龜，主要吃多汁仙人掌。牠們的習性是特愛水，能喝很多的水，愛在濕泥裡打滾。大的海島有泉眼，而且多數位於海島中心地帶，離海面有一定高度。

生活在低地的烏龜口渴時，不得不爬行很遠的距離。因此在島上，從海岸通往島中，烏龜們就爬出了一條條道路。西班牙人就是順著這些「路」，第一個找到泉水的。在查塔姆（聖克里斯多巴爾）島上岸時，我無法想像是什麼動物能如此有規則地沿著選擇好的路徑行走。要是有人靠近泉水會發現很好笑的場景，有許多大烏龜，一隻伸出老長的脖子焦急地向裡奔，另一隻喝飽後向外爬。烏龜到了泉邊就整個龜頭都浸在水裡，大口大口咽水，一分鐘大約能喝十口。

當地居民說烏龜在泉邊待三四天，

龜

然後回到低地。但他們對烏龜要多少天會回到泉邊有不同意見，可能這取決於烏龜所吃的食物。然而，可以肯定的是，即使島上無水，單靠每年幾次的降雨，烏龜也能存活。我確信青蛙的囊就像一個蓄水池一樣能提供液體，烏龜也是一樣。

當烏龜有意去什麼地方，牠們會沒日沒夜地爬行，比我們所預期的到達目的地的時間要少得多。居民給一些烏龜做了記號後，發現烏龜能在兩三天內行走十二公里。我觀察過一隻大烏龜，十分鐘爬行五十四米，這就是說，除了吃食物的一點時間外，烏龜一小時能爬行三百二十米，一天六公里。

烏龜在十月下蛋。在沙灘地上，雌龜會把龜蛋放在一起，用沙子覆蓋，但如果地面石頭太多，母龜會把龜蛋放入洞裡。一旦被孵化出來，大量的小烏龜會成爲食肉鷹的腹中物。大烏龜一般死於事故，有的死於從崖上掉落。至少，幾個居民告訴我說，他們從未見到有哪隻烏龜不死於事故的。

居民們相信，烏龜絕對是「聾子」，有人從背後走近它們時，它們聽不到。當一隻烏龜靜靜地爬行，我常常從後面突然驚嚇這個大「怪物」，想看看牠能有多快縮頭縮足，並發出一聲噓叫，然後「砰」的一聲跌落在地面裝死，這非常有趣。我經常坐到牠們背上，在龜殼後面敲擊幾下，這些烏龜會起身離開，但我發現很難在龜殼上坐穩。要想眞正抓住烏龜，僅僅像對待海龜一樣把它們翻倒是不夠的，因爲它們經常能翻回來。

蟾蜍（癩蛤蟆）（拉普拉塔La Plata）

在阿根廷布蘭卡港附近，我僅僅找到一隻小蟾蜍，牠的顏色獨具特色。如果我們想像，把蟾蜍放進最黑的墨水中，乾了後，讓它在大紅朱砂塗過的板上爬行，塗紅它的四足和部分腹部，這樣我們就能得到絕佳的蟾蜍模樣。不像其他蟾蜍棲息於濕暗地，並只有晚上出來，這種蟾蜍白天在乾沙堆和平地上匍匐前行。在乾沙堆和平地裡一滴水也找不到，而生存需要水滴，估計水分可能由它的皮膚來吸收。在馬爾多納多，我發現一個地方像布蘭卡一樣乾燥。我想蟾蜍很可憐，要給牠享受一次喝水「盛宴」，就把牠放進水塘，想不到牠不會游泳，如果沒我的幫助，我想牠將很快被淹死。

墨魚和烏賊（佛得角共和國，西非Cape de Verd Island）

有幾次在佛得角觀察墨魚或烏賊的生活習性，我感到非常有趣。雖然水退之後，在水塘裡也能常看到墨魚，但要抓到牠卻不容易。因爲牠的「長臂」和嘴，能把身體吸附到很深的岩隙裡去。如果吸得太牢，就得費勁把牠們拔出來。

有時，牠們會揚起尾巴，從池子一端遊到另一端，速度之快如同離弦之箭，同時射出褐栗般的黑水，染黑池水。這種動物，如同變色龍一樣，有非凡的變色能力，用以躲避敵人偵

烏賊

查。牠能根據所經過地方的環境，變換自身顏色。在深水區，一般是褐紫色，但在陸上或淺水灘裡，暗色皮膚就變成黃綠色。

我感覺觀看牠們運用此種能力逃避偵查的過程相當有意思。牠們顯然完全知道我在偷偷地觀察它，保持一段時間的靜默後，偷偷地前進幾十釐米，就像貓瞄著老鼠一樣，直到到了更深遠的地方，就猛地逃出我的視線，留下一抹黑水，躲進牠先時鑽出來的洞裡。牠躲避其間，也可能同時改變了顏色。在搜尋海洋生物時，我的腦袋在岩面上〇・六米上方，不止一次地受到一注水箭的洗禮，並聽到一絲輕微的摩擦聲。開始我不懂那是什麼，後來知道就是墨魚，雖然牠躲在洞裡，但由此我也知道了牠的所在。烏賊的大腦袋移動不便，因此在地面上很難匍匐前進。

鸕鶿和企鵝（福克蘭群島Falkland Islands）

一天在馬爾維納斯群島（即福克蘭群島），我看到一隻鸕鶿玩弄一隻被抓住的魚。曾經有八次，鸕鶿讓牠的獵物逃走，然後牠一頭紮進水裡緊跟，即使入水

鸕鷀

很深，牠每次也能成功地把魚抓回到水面。在動物公園，我也看到一隻水獺以同樣方式玩弄一條魚，就像貓捉弄老鼠一樣。我不知道有沒有其他的生物像鸕鷀這位「自然界夫人」如此的意存殘忍。

還有一次，我和一隻企鵝相遇，企鵝（愛居水底的大企鵝）的習性確實讓我感到有趣。這是隻勇敢的企鵝，牠一直向前猛啄，逼壓我後退，直退至海邊。除了遭到重大打擊，沒什麼能阻止牠前進。牠站在我前面，離得很近，挺胸抬頭，意志堅定。牠一直左右甩動腦袋，看起來很古怪，好像只能看到牠前面的低位元物體。在岸上，牠向後甩頭，發出巨大奇怪的驢一樣的聲音，由於這習性，這鳥一般被稱為「驢企鵝」。

但在海裡未被打擾時，牠就顯現出深沉和莊嚴。在晚上我們經常能聽到牠們的聲音。在跳水時，牠把翅膀當作鰭；在陸上，當作前足。當牠匍匐穿過草叢或芳草萋萋的崖岸，好像用了四隻腳；跑得如此之快，以致會被誤認為是一種四足獸。在海上捕食時，牠會猛然彈出水面吸氣，幾乎同時又鑽入水中。動作非常快，我敢打賭，乍看到此情景，很難不認為這是魚躍運動。

兀鷹

一八三四年四月二十七日，這天我獵到了一隻兀鷹。從牠的兩翼翼尖測量，有二·六米，從鷹嘴到鷹尾，有一·二米。這種鳥有廣泛的地理分佈，在南美洲西岸，從麥哲倫海峽沿著科迪勒拉山脈向北，直至赤道以北八度，都可以見到牠們的蹤影。

大兀鷹　巴塔哥尼亞，智利（Patagonia, Chile）

在聖克魯斯河口崖岸一線，兀鷹常常於此出沒。沿河一百二十九千米，兩邊俱是陡峭的玄武岩斷崖，兀鷹在此又出現了。事實上，兀鷹偏喜懸崖。每年的大部分時間，牠們出現於靠近太平洋海岸的智利低地，晚上幾隻兀鷹在一棵樹上一起鳴叫。但在夏季早期牠們飛回到關山重重的科迪勒拉山脈內，安安全全地孵化幼鷹。有智利人對我說，兀鷹不築巢，但在十一月和十二月會生下兩個巨型白蛋，放在裸岩的岩架上。據說，小兀鷹不能整年飛行，在牠們能常年飛行之前，總是晚上鳴叫，白天和父母覓食。

老兀鷹總是成對生活，但在聖克魯斯河內陸的玄武岩峭壁上，我發現有幾隻出沒於同一處所。看二十到三十隻的兀鷹從棲息地沉穩起飛，優雅地盤旋於天空，總是很壯觀的景象。吞吃了地下平原的腐肉後，牠們飛回到住處消化食物。在這個國家的部分地區，兀鷹以駱馬爲食，駱馬可能是自然地死亡，但更多的是被美洲獅獵殺。

我相信，牠們日常飛行不會遠離棲息地。人們經常會看到兀鷹優美地盤旋在一定高度的天空中。我確信一些時候牠們盤旋僅僅是爲了自娛自樂；但有時，正如一個智利人告訴我的，牠們在搜尋一隻臨死的動物，或看美洲獅吞咽獵物。如果兀鷹滑落到地面，又突然飛了起來，那智利人會告訴你，是因爲守護腐屍的美洲獅突然衝出來，驅趕「盜賊」。除了吃腐屍，兀鷹也常進攻山羊和小羊；每當兀鷹飛來，受過訓練的牧羊犬會衝出來，往天仰視，猛烈地吠叫。

智利人有兩種方法捕鷹。一種是把動物屍身放在一個用樹枝圍住的平地上，留下一個口，當兀鷹大嚼時，馬背上的人們急馳而至，堵住出口，這樣大鳥就無處可跑，沒有足夠空間盤旋起飛；第二種辦法是在兀鷹棲息的樹上做記號，獵人夜間爬到樹上，用繩索將其縛住。兀鷹是非常貪睡的傢伙，用這種方法抓住牠們不是一件非常困難的任務。

在瓦爾帕萊索，我看到一隻活鷹賣六便士，但牠的一般價格是八到十先令。在瓦爾帕萊索的一個花園，裡面養了二、三十隻兀鷹。

眾所皆知，當有一種動物被殺時，兀鷹很快就知道此事，然後以一種沒人能解釋的方式集中。在絕大多數情況下，兀鷹發現食物時，會在食物受到最小的污染之前把它們清理乾淨。我看過詹姆斯先生的關於食肉鷹嗅覺不敏的實驗，也在上面所提到的花園做了以下實驗：每隻兀鷹被繩子拴在牆角，長長地排成一列。我用白紙包了一片肉，在花園裡走進走出，肉離兀鷹差不多一米，但牠們沒有反應。然後我把肉扔到地上，離那隻老兀鷹一米

約翰・詹姆斯

遠，牠看了看，好像也看不出是什麼東西。在同樣的情況下，幾乎不可能騙過一隻狗的鼻子。

通常，躺在空曠的平野仰望天空，我會看見食肉鷹在很高的高度上飛翔。如果地面是一馬平川的話，我相信地面上的人，不管是步行還是騎馬，都不會留意地平線十五度以上的天空。假如這是對的，如果鷹在九百到一千二百米高度上飛行時剛能進入人的視力範圍，那麼，牠的飛行高度離一個人的直線距離，會超過三．二千米。這兀鷹會不會被人或其他動物忽視？當一個獵人在深山峽谷裡殺了一頭獵物，他會不會被一隻在天空上視力極好的鳥盯住？牠的滑落動作是不是在

約翰．詹姆斯，美國鳥類學家，一七八〇年五月四日出生於路易斯安那州，父母是法國人。一八五一年一月二十七日在紐約去世。他的偉大著作《美洲之鳥》整整花了十三年才完稿，於一八二六年出版。他本人親自裝設了四百多張顏色圖紙，全用銅版印刷。其中的一些銅版畫在紐約中央公園的自然歷史博物館展覽。在一八三一至一八四九年間出版的奧杜邦的《鳥類史》裡，有他的關於食肉鷹（或叫做黑色禿鷹）的陳述（第二卷三十三頁），達爾文在文中敘述過這種鳥。

向整個食肉鷹的家族宣布，牠有一隻獵物在手？

當鷹成群繞一個地方滑翔時，牠們的飛行姿勢極其優美。除了剛從地面起飛，我記不得有哪隻鷹要撲騰翅膀才能飛行。在靠近利馬的地方，近半個小時內我都盯著天空，看到幾隻兀鷹飛行時形成一個大弧線，牠們繞圈子滑翔，升降時並沒有拍過一次翅膀。當牠們滑近我，我特意從一個斜角觀看每個翅膀末端分散的長羽毛輪廓。這些分散的羽毛，好像一點都不發顫，似乎都黏連在一起，在藍天的映襯下，顯得清楚雅致。

兀鷹的頭和脖子經常地移動，似乎很有力量。平伸的翅膀產生支點，在這支點上，脖頸、身子、鷹尾，各自協調地動作著。如果想要降落，翅膀會暫時收縮起來，改變方向後又伸出。迅速降落時形成的力量看起來驅使大鳥做向上的調整，使其能像一隻風箏一樣做穩定運動。牠們一小時接著一小時，飛越高山，飛越河流，似乎毫不費力，姿勢美妙極了。觀賞這樣的大鳥精彩而優雅的飛行，確實是件享受的事情。

鴕鳥

在東方班達（烏拉圭）的草場上，我看到許多鴕鳥（大鴕鳥），一群有二、三十隻。當這些鴕鳥站在高處，背部映襯著清澈天空時，就顯得非常高貴。我在這個國家的其他地方從未見過如此馴服的鴕鳥，你可以策馬靠近牠們；但是牠們能以風一樣的速度奔跑，眨眼間把馬拋在身後。

鴕鳥是最大的鳥，在巴塔哥尼亞北部荒野平原，有很多這種鳥。牠們靠吃植物為生，比如草類。但在布蘭卡港，我時常看到三、四隻

鴕鳥的骨架

一群站在岸前濕泥水中（那時岸上乾燥），高卓人說，牠們在找小魚吃。鴕鳥本性很害羞、警惕和孤僻，雖然牠們跑得飛快，但高卓人和印第安人也能不太費事地用波拉斯抓住牠們（兩塊圓石，皮革包著，用二·四米左右的細繩擰起來的繩索連在一塊）。

當幾個騎馬者半圓形地圍住牠們，這些鳥就不知所措，不懂得往哪個方向逃跑。牠們通常愛逆風而行，剛起步時會展開雙翅，像一艘船一樣全力前行。在一個晴朗的熱天，我看到幾隻鴕鳥進入一池長燈芯草裡，蹲伏在裡面，直至我已非常接近牠們。不知道鴕鳥是否會游泳，金先生對我說，在聖布拉斯灣（Bay of San Blas）和巴塔哥尼亞的瓦爾德斯（Port of Valdes）港，他幾次看到此鳥從一個島游到另一個島。牠們在被趕時，或是出於自願，都會跳入水中。其在兩個島之間的游泳距離差不多一百八十米；游泳時，身體的絕大部分都浸在水中，並且

金·菲力浦·派克特，英國海軍指揮官，一七九三年在南太平洋的諾福克島出生，一八一七—一八二二年他參加了澳大利亞西岸的考察。一八二六年領導遠征隊考察南美海岸，遠征船是「冒險者號」。他的測量和「小獵犬號」的測量在同本書出版。

游得很慢。

我曾兩次看到鴕鳥穿過聖克魯斯河，河寬差不多三百六十米，水流很急。斯特爾特船長在澳大利亞漂流馬蘭比季河時，看到過兩隻食火鳥在游泳。

即使在很遠的地方，這個國家的人能隨時告訴你哪隻是雄鳥、哪隻是雌鳥。雄鳥大些，色深，腦袋大。鴕鳥發出一種單一深沉的嘶嘶叫聲（我相信是雄的在叫）。當我站在沙丘上第一次聽到這種聲音時，還以爲是野獸的叫聲，因爲你不知道它從何處傳來，距離有多遠。我在布蘭卡，時間是九月和十月，發現這個國家到處可以找到鴕鳥蛋，數量非常之多，它們分散或單個存放（不論哪種情況它們都是沒被孵出的），或集中在陰暗的坑裡，這坑也是鴕鳥巢穴。我看過

查理斯·斯特爾特，英國軍官，三十九團上尉；一八六九年六月十六日在英國切爾騰哈姆去世。一八二八至一八三一年勘測了東南澳大利亞的默累河口大盆地，馬蘭比計河是默累河的支流。一八四四至一八四六年，他幾乎進入到這塊大陸的中心地帶。他的書《南部澳大利亞的兩次內陸遠征》（一八三三年，倫敦），和《澳洲內陸探險的故事》（一八三三年，倫敦）描述了他的冒險生活。

四個鳥巢，三個巢中每個有二十二個蛋，第四個有二十七個蛋，據說一個鴕鳥蛋相當於十一個雞蛋重，我們在最後一個巢穴所得到的鳥蛋相當於二百九十七個雞蛋。

高卓人都相信雄鴕鳥也能孵蛋，孵出小鴕鳥後，會陪伴小鴕鳥一段時間。雄鴕鳥在巢裡時和小鴕鳥們靠得很近，我本人差點踩了一隻。在這情形下，據說鴕鳥非常凶躁和危險，會攻擊馬背上的騎手，並會跳到侵犯者的頭上。有一個人對我說，他看過一個老紳士因被鴕鳥追趕而被嚇壞了。我思考著伯切爾的南非之旅中的一句話，他說：「殺了一隻雄鴕鳥，羽毛染髒了，霍頓圖人說是一隻築巢鳥。」我知道在倫敦動物園裡的雄食火鳥負責保護鳥巢。這種習性，在這族鳥類中很普遍。

威廉．J．伯切爾，一個英國旅行家，他的書《南美大陸內陸行》於一八二二—一八二四年之間在倫敦出版。

小築窩鳥（阿根廷 Argentine）

築窩鳥（小築窩鳥），就像西班牙人所稱呼牠的，牠和灶巢鳥（築屋者）一樣，在一個圓柱形洞的低端築巢，此洞據說在地下水平延伸達二十八米。這個國家的一些人告訴我，當孩子們想把巢穴挖出來，他們很少能成功地伸到洞的底端。這種鳥選擇任何路邊或溪

聖保羅之岩

流邊的堅固沙土堤岸築巢。這裡（布蘭卡港）的繞房圍牆由硬土建成，我注意到，我所寄居的帶有院子的房子圍牆被幾個圓洞穿破。在詢問主人的時候，他極度抱怨這些小築窩鳥。我觀察幾處破洞，牠們還在「施工」。去找出這些鳥兒爲什麼沒有厚度概念，是很有意思的。牠們經常掠過低牆，想著這是非常棒的堤岸，可以築巢，但總是徒勞無功。我不懷疑，當小鳥知道眞相後，將會對神奇的事實大吃一驚的。

沙漠島的馴服鳥（大西洋Atlantic Ocean）

我們在聖保羅之岩上，只找到兩種鳥——鰹鳥和燕鷗鳥（白頂玄鷗、玄燕鷗）。前一種屬塘鵝類，後一種屬燕鷗類。兩種鳥都很馴服和愚蠢，牠們如此無知，我都可以用地質錘打落幾隻。

鰹鳥在裸露的岩石上下蛋，但燕鷗會築起一個蘆葦巢。在這些巢窩邊有一條小飛魚，我猜想，這應是雄鳥給雌鳥的食物。很有意思的是一隻居住在岩隙中的大螃蟹迅速地偷走了小飛魚。

威廉·西蒙茲爵士是爲數不多的曾在這裡上岸的人，他告訴我曾看過螃蟹拖出小鳥吞吃。加拉巴哥群島的小鳥都極度馴化，牠們是美洲效舌鶇、雀類、鷦鷯、暴君鶲、鴿子、食肉兀鷹等。這些鳥都可以靠近，只用一根軟枝條就可以殺死牠們，我自己就用帽子或草帽抓住一些。槍在這裡基本上是多餘的，我曾經用槍口把樹上的一隻老鷹捅了下來。一

威廉·西蒙茲，英國海軍少將，海軍建築師。生於一七八二，死於一八五六年。

燕鷗

天，我臥倒在地，一隻效舌鶇就站在一個用龜殼做成的投石器上，開始靜靜地啜水。我經常試圖去抓這些鳥的腳，總是差點抓到。以前這些鳥比現在更加溫順。考利船長在一六八四年說，斑鳩非常溫順，也會站在我們的帽子和肩臂上，牠們並不害怕人類，直到有些人對牠們開槍，才變得比較害羞。丹皮爾在同一年也

考利船長，英國航海家，和威廉．丹皮爾一樣，在一六八三－一六八四年跟隨約翰．庫克環球航行。在第一年，考利恰好在佛吉尼亞。庫克說服他作爲「報復」號艦船航海官，一起開始到海地的貿易之旅。然而，庫克實際上是個海盜，前面他所說的只是騙詞。他們一六八三年八月二十三日駛往南部海洋，途經非洲海岸（在那裡他們劫掠一艘新式且武器裝備良好的艦隻，並把船員等全部移到新船，並把舊船名改換成新船名）、巴西、馬爾維納斯群島、火地島、費爾南迪茨島、西秘魯的羅伯斯島、加拉巴哥島（意爲「巨龜之島」），他們一六八四年五月三十一日到達該島。一個月後，庫克死了。九月份在合恩角，考利離開「報復」號，去掌管另一艘海盜船「尼可拉斯」號，路線是沿著亞洲海岸和群島。一六八五年十二月在帝汶島，考利離開「尼可拉斯」號」去巴達維亞（雅加達），第二年三月，他上了荷蘭的船，一六八六年十月十二日，他回到了倫敦。這些關於他的事蹟可以在羅伯特．科爾的《航海旅行通史》裡找到。

說，一個人在早晨漫步時也可以隨手殺掉幾隻這樣的斑鳩。

現在，這些鳥雖然依舊那麼溫順，但不會停留在人的手臂上，也比較會保護自己。雖然在過去一百五十年裡海盜、捕鯨人和水手經常光顧這些島，徘徊於叢林之間四處搜尋烏龜，也經常享樂般地打下這些小鳥，但令人奇怪的是，這些小鳥依舊很溫順。

大約六年前就有人開始定居查理斯島，我看到一個男孩在井邊手持樹枝站著，在小鳥到井邊喝水的時候，揮舞樹枝打死了一些鴿子和雀類。他

飛魚

已經收穫了一小堆鳥類作爲晚餐。他說他常常像這樣守在井邊。

看來這個群島的鳥，還沒意識到人是比烏龜和蜥蜴更加危險的動物，所以

威廉・丹皮爾

威廉・丹皮爾，英國航海家。一六五二年生於薩默塞特郡，他去世時間不祥，但應晚於一七一一年，在做了一段時間的海盜後，他到了佛吉尼亞，第二年跟隨西印度群島聖・吉茨人約翰・庫克船長，進行海盜冒險（比起考利船長，他的良知更少受到譴責）。在考利離開「報復號」後，他仍舊選擇留下，在太平洋美洲沿岸和東印度群島一帶遊弋。直到一六八八年五月四日，他對他的殘缺人生感到厭煩後，在尼科巴群島選擇離開。在六月到達蘇門答臘的亞齊。而後去了湯加，一六八九年四月回到亞齊。一六九一年一月二十五日，他返航英格蘭，在闊別了二十年零半載後，於九月十六日到達倫敦。在他一六九七年出版於倫敦的書《世界新環遊》裡，講述了他的神奇故事。他後來至少和威廉・芬內爾船長進行了兩次航行。一七〇三—一七〇五年和伍德・羅傑斯、斯蒂芬・考特尼船長航行。一七〇八—一七一一年在南海劫掠西班牙船隻。在後面的那次航行中，發現亞歷山大・塞爾科克（羅賓遜・克盧梭的原型）身陷胡安・費爾南德斯島上，他把他帶回船上。

京燕之頭

不會特別注意，就像英格蘭喜鵲之類的害羞鳥不在意在草場吃草的母牛和馬一樣。

馬爾維納斯群島的鳥兒提供了第二個這樣的例子，在那裡，鳥兒如此溫順，雖然狐狸、鷹、貓頭鷹也出現了。我們可以推論，缺少肉食性動物不是它們溫順的原因。福克蘭的高地鵝，在收到警示後，牠們就已意識到來自狐狸的危險，但這並不會讓牠們在人面前恐懼。在馬爾維納斯群島，獵人有時也許會在一天之內狂殺很多鵝，在火地島，同種生物在過去也被當地居民殺戮，但在英格蘭，基本上很難射下一隻野鵝。帕內提在福克蘭島的那年（一七六三年），島上的鳥比現在溫順，就像現在加拉巴哥群島的鳥一樣

斑鳩

狐狸之穴

溫順。

據帕內提的陳述，在以前所有的鳥都這麼溫順，現在當白頸天鵝飛過時，也不容易射殺牠，牠可能已經從其他國家吸取了教訓，長了智慧。

我想，從這些事實中我們可以得出結論，除了鳥兒內在的遺傳習性，無法解釋這些地區的野生鳥類會如此溫馴。

在英格蘭，只有些許年輕的鳥才會被殺害，幾乎所有的鳥，甚至包括剛出生的都害怕人類；相比之下，在另一方面，在加拉巴哥群島和馬爾維納斯群島一些單個的鳥被人趕殺，然而大多數鳥還沒有完全意識到人的可怕。從這些事實中，我們也能得出結論，在當地居住的動物還未適應新到肉食者的技術或能力之前，這些陌生來客會給牠們帶來災害。

安東尼·約瑟夫·帕內提，一七一六年生於法國羅安妮，死於一八〇一年。他是弗雷德里克大帝的圖書管理員，他的書《馬爾維納斯群島之旅》一七六九年出版。

野天鵝

貓頭鷹

蚱蜢

小獵犬號在朝佛得角順風飄蕩的時候，最值得一提的是遠離大陸捕到了昆蟲，是我在船上捉到的一隻大蚱蜢；此海域遠離大陸，最靠近此海域背風的陸地是非洲海岸的布蘭科角，離船五百九十公里。

蝗蟲

在我們到達盧克森（拉普拉塔，門多薩省）之前，我們看到南部天空漂浮著一堆不規則的雲，略呈紅棕色的黑色。起初我們以爲是平原大火引起的濃煙，但我們很快發現是一群蝗蟲。它們

蚱蜢

蝗蟲

正在飛向北方。在微風的吹送下，它們以一小時十六到二十四公里的速度超越我們。蝗蟲群離地面大約有六米高，出現的時候大概有兩三千隻，翅膀發出像是幾駕馬車衝向戰場的聲音，或者我要說，像強風刮過船的索具所發出的聲音。

可憐的鄉里人試圖燒火驅趕，他們大叫大喊，舞動樹枝，抵擋蝗蟲的進攻。當蝗蟲著陸，它們比地上的樹葉還更多，地上已不再是綠色，而變得略紅。在這個國度，蝗蟲是常見的蟲害；這個季節，小規模的蝗蟲群已從南部到來過幾批。像世界各地其他的沙漠一樣，在南美的南方沙漠地區，蝗蟲在繁殖後代。

螞蟻（巴西Brazil）

小小的黑色螞蟻有時成群遷居。一天在布蘭卡港，我的注意力被吸引到蜘蛛、蟑螂以及別的昆蟲和一些蜥蜴上。它們正焦慮不安地、急匆匆地穿過一塊光禿禿的地面。

蟻隊

在稍後面，每一枝幹、每片樹葉上都是黑壓壓的螞蟻。那些穿過光禿禿地面的螞蟻，分成幾部分，並從一堵舊牆上下行。這樣，一些昆蟲就被包圍住了。這些可憐的小生物想從困境裡逃生的努力確實很精彩。當螞蟻來到路上，它們就改變了路線；當路太狹窄，又爬上了牆。我放一塊小石頭擋住一隊螞蟻的去路，整隊螞蟻見了全力來推掉石頭，但很快就撤退了；另一隊不久又來繼續，它們也沒能推掉石頭，從這條線路前進的想法被放棄了。如果它們轉向二釐米外的地方，就可以避開石頭。不用懷疑，如果這石頭早就在那兒，它們也會避開那石頭，但是，在被攻擊之下，這些有獅子一樣雄心的「小勇士」嘲笑屈服的想法。

大黃蜂（英國England）

有一天在里奧（里約熱內盧）的街坊，我被一場黃蜂和大蜘蛛的生死較量吸引住了。黃蜂是蛛蜂屬（Pepsis），蜘蛛是狼蛛科（Lycosa）。大黃蜂刺向獵物，然後很快飛走。蜘蛛很明顯受傷了，試圖逃走，它稍稍向下滾動，然而仍然有力量匍匐進入厚草叢。大黃蜂又出現了，沒有立刻找到獵物，它看起來感到很驚訝。然後就像獵狗追尋狐狸一樣，開始搜尋。沿半弧圈飛行，始終快速震動翅膀和觸角。蜘蛛雖然躲了起來，很快被發現了。雖對蜘蛛的鉗口仍有餘悸，黃蜂仍對蜘蛛胸腔下部叮了兩針。最後，小心地觀察了一下不動的蜘蛛觸角，開始把它拖走。但我阻止了這「施害者」和「受害者」。

黃蜂和蜘蛛

蜘蛛

眾所皆知，英國蜘蛛在網裡抓住一隻大昆蟲時，會切斷蛛線放它們走，爲的是保護蛛網不被完全遭到破壞。然而有一次我在斯洛普郡的一座房子裡看到，一隻大雌黃蜂被一隻很小的蜘蛛不規則網網住了。小蜘蛛沒有切斷蛛線，而是更加堅定地纏繞這黃蜂，特別是加強纏繞黃蜂的翅膀。剛開始黃蜂一次又一次用蜂刺刺向對手，都徒勞無功。在它掙扎了一個多小時後，由於同情大黃蜂，我殺了它，並把它放回

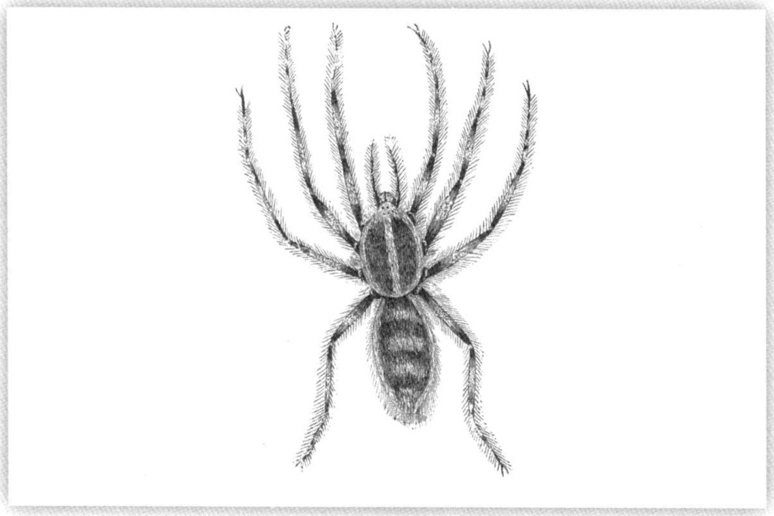

蜘蛛

蛛網。不久蜘蛛回來了，一個小時後我驚訝地發現，它的鉗爪在傷口處陷進去，那是被黃蜂還活著時它叮刺的。我兩三次地趕走蜘蛛，但二十四小時後我發現它還在原地吮吸。吃完獵物的汁液，它變得非常腫脹，它的獵物比它自身大好幾倍。

螃蟹（印度洋Indian Ocean）

在基林島我發現一隻螃蟹以椰子爲生。在這海島乾燥的地方，這種動物很多。它會長成「巨無霸」樣的大小。前一對足會長成非常強壯有力的螯，最後一對是配合其他對足的附屬肢，比較軟弱也更窄小。起初，很難想像一隻螃蟹如何能剝開硬殼的椰子，但李斯克先生確定他時常看到螃蟹剝開椰子。螃蟹一開始撕硬殼，一絲一絲地撕下椰子纖維，而且總是先在有三個萌發孔的一端開始，當這些做完了，螃蟹用它的螯敲擊萌發孔之一，直到一個孔被打開。然後，轉動椰子，在它後面附屬肢的幫助下，取出椰子肉。

我想，就像我以前聽到的，這是有趣的動物天性本能的例子，也是兩個截然不同沒有關係的東西適應在一起的例子，就像螃蟹和椰子樹。這些螃蟹居住在很深的洞穴裡，它們挖掉洞裡樹根，聚集起很大數量的椰子殼纖維，用作墊被。

螃蟹很美味，而且，在大螃蟹尾部底下有很多脂肪，當融解時，和四分之一瓶油的能量差不多。我上面提到過螃蟹螯的力量很大。讓我們看看到底有多大，莫里斯比船長把它關進一隻很堅固的錫盒裡，這盒子曾裝過餅乾，盒蓋有金屬線加固，但螃蟹弄折盒口，逃走了。在往下弄折盒口時，它實際上在錫盒上鑽出了幾個小洞。

2.
人

野人

也許沒有什麼比第一眼見到一個處在最野蠻狀態的野人更讓人震撼和驚悚的事了。我們的大腦會急速轉回幾百年以前，問自己：我們的祖先難道也像他們一樣嗎？他們的表達方式對我們來說，比家養的動物還更難以理解。他們既缺乏那些動物的本能，也沒有表現出人類自誇的那種理性，至少藝術是源於這種理性。

我不相信人能夠描述或繪出野人和文明人的區別。這只是一種馴化的和野性的區別（更大程度，因

朝天犀牛

爲人有提高改善的能力）。喜歡觀看野人的部分原因和喜歡看沙漠上的獅子、老虎在叢林撕裂獵物、犀牛徜徉於非洲平原是一樣的。

火地島人

在成功灣（Good Success Bay）的火地島人和其西部地區矮小可憐的人不是一類的。他們看起來更接近著名的麥哲倫海峽邊的巴塔哥尼亞人，唯一的服裝是由駱馬皮做成的翻毛披風。他們所穿的僅僅蓋過肩膀，幾乎等於沒穿衣服。

皮膚古銅色，渾身髒兮兮的。他們的發言人是一個頭戴白羽毛嵌條包頭帶的老者，包頭帶包住了他的部分邋遢粗硬的黑頭髮。他的上臉畫有兩條寬頻，一條塗過他的左耳到右耳，包括上唇，塗以亮紅色；第二條在第一條之上，是用類似白粉筆的東西塗抹的，甚至眼睫毛都被塗白了。他的兩個夥伴，更年輕，更顯得孔武有力，差不多高，塗以碳粉做的黑色條紋。他們的派對，和韋伯的戲劇「Der Freischütz《自由射手（魔彈射手）》」裡的魔鬼聚會相差不遠。

他們的精神狀態萎靡不振，面容表現出困惑、好奇和震驚。我們給他們一些紅衣服時，他們馬上繫在脖子上，也馬上變成我們的好朋友。這些可由老者拍我們的胸膛和格格地笑看出，他的笑就像我們餵雞時發出的那種「咯咯」的聲音。我和老者走在一起，友好的表示重複了N次，最後以三次重摑結束，我的胸部和背部同時受到拍擊。然後他裸露胸膛等待我的讚美，我們讚美之後，他顯

詹姆斯·庫克，英國航海家，一七二八年十二月二十七日生於約克郡，一七七九年二月十四日被夏威夷人殺害。作爲水星艦的船長，他在一七五九年幫助沃爾夫拿下魁北克，他第一次南半球航行始於一七六八年，由政府雇用。他到達了塔希提、紐西蘭，考察了澳大利亞東海岸，而丹皮爾考察了西海岸。他一七七一年回到英格蘭，第二年他又成爲「剛毅號」船長，去尋找南極洲。在航行中，他發現了新赫里多尼亞，一七七五年回國；庫克船長的第三次航行是出於議會的獎金，議會將對能找到太平洋到大西洋的北通路的航海家予以獎勵，庫克一七七六年開始第三次之旅，他於一七七八年一月發現了夏威夷島，然後考察了白令海峽。在回家的途中，再次經過夏威夷島。當地的夏威夷人很不友好，在著陸時，一場爭吵開始了，他們對庫克和他的船員下手，船長因而遇害。庫克船長的第二次旅行日記（達爾文提到的）一七七七年發表於倫敦，他的最後一次航行日記，發表於一七八一年。

得非常高興。根據我們的觀點，這些人的語言很難稱得上口齒清楚。

他們很會模仿，每當我們咳嗽、打哈欠或做奇怪的動作，他們馬上就模仿我們。

一些同伴開始做出怪樣子，但一個年輕的火地島人（他的整張臉都塗了黑色，除了一條白帶塗過雙眼）成功地做出許多更滑稽可笑的鬼臉。他們能完美地重複我們說的每一個單詞，且過一段時間也能記住一些單詞。然而，我們歐洲人都知道，要分辨

北美印第安人

澳大利亞土著

出一種外國語言的聲音有多難。比如，我們中的哪一個人能夠重複一個印第安人的三個單詞以上的話？在某種程度上，所有的野蠻人都有這種能力：有人告訴我，有著幾乎相同可笑習性的南部非洲人、澳大利亞土著等都因有類似這種能力而聲名遠揚，他們能夠模仿任何人的步態。我在想，他們是如何擁有這方面的能力的？來自於長期形成的感知習性？相對於已經開化的人來說，這些野蠻人是否都有這樣敏銳的感覺？

火地島人主要靠水裡貝殼類動物爲生，他們經常性地遷居，但他們不時會回到同一個地方，這可由以前堆積的貝殼爲證，從重量上看，已經積累幾噸了。這一堆堆貝殼能在很遠的地方就被認出，因爲一些綠色作物就生長在它們上面。這些植物包括野生芹菜、辣根菜，是兩種很有用的作物，但它們的用途尚未被當地人發現。火地島人的棚屋從大小和構造上看像草堆，它僅僅包括一些在地面上固定好折好的枝條，非常粗陋的茅草和蘆葦遮蓋草屋一邊，一個小時就可以完工，一般它也只被使用寥寥數天。然而，在火地島西海岸，棚屋就好得多了，它們是用海獅皮遮蓋的。

一天我們在靠近沃拉斯頓群島的岸邊行走，我們和六個火地島人一起將獨木舟拉上岸。這是我見到的最消沉、最不幸的生物，在東海岸我們所見到的土著人，只有駱馬斗篷；在西海岸的有海獅皮；在中部的部落有海獺皮，或一些小皮片，就像口袋裡的手絹一樣大，差不多勉強能遮蓋從背部到腰脊的部位，用絲線貼胸繫住，當颱風的時候，他們會把它從一邊移到另一邊，以抵禦風寒。但是，在這獨木舟邊的火地島人差不多都是裸體，即使是成年婦女也是如此。雨下得很大，新鮮的雨水以及一些雨沫就順著她們的身體往下流。在不遠處的另一個港口，一天，一個正在給新生兒餵奶的女子來到船邊。冰雹落下，在她的赤裸的胸脯和小孩的皮膚上融化。

出於純粹的好奇，她一直呆呆地站在那兒。這些可憐的人，在生長過程中一直營養不足，他們的臉被白粉醜化，皮膚髒而油，頭髮很雜亂，他們的聲音不悅耳，行爲很粗暴。看到這些人，我們幾乎不能讓自己相信，他們也是和我們生活在同一個世界的「親愛的同類」。

我們經常去想一些低等動物能享受什麼事物的問題，同樣對於這些野蠻人，我們要問相同的問題。在晚間，五、六個無遮無蓋的人，沒有一點基本抵禦暴風雨天

火地島人的「盛宴」

氣的防衛措施，躺在潮濕的地面，蜷著身子像動物一般。無論冬夏無論早晚，只要潮退就得起來在岩石上檢貝殼類生物。婦女或潛水搜集海膽；或在獨木舟上耐心地等待，用帶餌不帶鉤的髮絲線去釣小魚。如果殺了一頭海獅，或發現一隻漂浮的臭鯨屍體，那就是盛宴了。這樣可憐的食物配的是少量粗糙的副食品——無味的草莓和菌類。

他們經常遭受饑餓。洛先生，一位捕豹高手，曾和這個國家的一些土著交談過。他對我說了一個在西海岸一百五十個土著聚會的故事，這些原住民非常饑瘦，情緒壓抑。持續的大風阻止婦女在岩石上撿拾貝類，他們也不能坐獨木舟去捕捉海豹。一天早上，一小群人開始了四天的尋找食物的任務，在他們回來時，洛先生遇見了他們，發現他們每一個人扛著很大的一片臭鯨肉，在鯨肉中間弄一個洞，腦袋穿過這個洞，他們把肉擱在肩上，就像高卓人穿過斗篷或披風一樣。

他們累極了。當鯨肉扛到棚屋，一位老人把它們弄碎，集中起來，烤上幾分鐘，然後分發給饑腸轆轆的每個人。這一時刻，參加餐會的人，都保持著意味深長的沉默。洛先生相信，無論什麼時候他們發現一隻鯨在海岸，他們都會把它埋在沙下，以備饑荒之需。其他不同的部落，當發生戰爭時，成了吃人動物。當在冬天饑荒時，他們在殺掉狗之前先殺掉老女人做糧食。洛先生問一個男孩爲什麼，這男孩回答：「小狗會抓水獺，老女人不會。」

很少有當地土著在比格爾海峽見到白人。毫無疑問，在他們初次見到我們的船時，沒有什麼比這個更讓他們驚訝的了。

火在每個地方燃起（這也是火地島名稱的由來）。這是爲吸引我們的注意力，也是向遠方傳遞消息。一些人沿岸跑了幾千米。我永遠不會忘記這一群人的出現，是那麼的狂野，那麼的粗魯。一瞬間四到五個人跑到一個突出的崖岸，他們全然裸體，長髮貼在臉上飄動，手持粗糙的棍棒，在地上跳上跳下，雙手在空中揮舞，發出最難聽的喊叫聲。在晚飯時我們和一群火地島人一起進餐。起初，他們不見得很友善，然而不久我們就用一些小禮物讓他們高興。比如，在他們頭上繫紅帶。他們喜歡我們的餅乾。

有一個野蠻人用他的手指去碰錫罐頭裡的肉，當時我正在吃這錫罐頭，我感到他的手又軟又冷。他看起來討厭罐頭，就像我討厭臭鯨肉一樣。很容易去取悅這些人，也很難去滿足這些野蠻人。年輕的和年老的、男人和小孩，從沒停止過叫喊「亞末史谷納（Yammerschooner）」，意思是「給我」。他們的手指指向我們幾乎所有的東西，一個接著一個，甚至指向我們的紐扣。晚上，我們睡在龐森比海峽和比格爾海峽的匯合處。一小家庭的火地島人，住在小海灣，他們平靜而文雅，繞著火堆，很快就加入我們的派對。我們穿著整齊的衣服，坐在靠

南海島人

近火堆的地方，並不感到非常溫暖；但我觀察到，他們雖是裸體，坐得更遠，卻好像被燒烤一樣在流汗。

然而，他們看起來很高興，加入我們一起合唱水手之歌。但他們總是落後一拍，確實荒謬可笑。我相信，在南美的這裡，跟世界其他地區相比，這裡的人處在極其低端的生存狀態中。兩個生活在南太平洋群島的民族，相比之下更加開化；愛斯基摩人，在他們的地下洞穴裡，享受著更舒適的生活，當全副武裝時，也更顯示出他們的技能；南部非洲的一些部落，靠搜尋樹根爲生，他們隱藏在荒野和被烤焦的平原上，也很不幸。澳大利亞人（原住民）只有樸素的一點生活藝術，和火地島人最接近，但他們畢竟能炫耀他們的迴旋飛鏢、梭鏢和回飛棒、爬樹技能、跟蹤獵物，以及打獵技藝等。儘管澳大利亞人在獲取物質方面更強一點，這並不意味他們的精神優於上面提到的其他野蠻人族群。實際上，我在火地島人身上所看到的，和我從書上讀到的澳大利亞人相比，我想，另一面——他們的弱小才是眞的。

南部非洲步須曼人

巴塔哥尼亞人

在格雷戈雷角，所謂的「巴塔哥尼亞人」因爲很大刺刺而出名。

他們給了我們熱烈的歡迎。從很大的駱馬斗篷、長垂的頭髮和一般體形上看，他們的高度看起來比實際的要高，平均大約在一·八米左右。一些人高，只有少數是矮的。婦女們也都很高。總體上看，他們確實是我們所見到的最高的人。在特徵上，他們與我和羅莎斯所看到的許多北部印第安人驚人地相像，但是通常顯得更粗野、更可怕。他們的臉上塗著很多的紅色和黑色，一人塗著白色，帶有金屬環，像火地島人一樣。費茲羅艦長允許三個人上船，但所有的人看起來都要爭取成爲那三個人之一，我們好不容易才擺平他們的爭執。最後，我們和三個巴塔哥尼亞巨人站在了甲板上。他們三人和費茲羅艦長共進了晚餐，表現得彬彬有禮，像個紳士。他們學習用刀叉，用湯匙，對他們來說，沒有東西比糖更美味的了。這個部落一年之

羅莎斯．胡安．曼努埃爾，一七九三年生於拉普拉塔。在平原由高卓人帶大，以後變成顯要人物，一八二九年被選舉爲這個地方的總督（阿根廷邦聯）。當他在一八三三年指揮對印第安人的戰鬥時，達爾文在科羅拉多河遇見了他。達爾文說：「羅薩斯將軍私下通知我，希望一晤，這情形，我後來一直都很爲之高興。他是一個與眾不同的人，在這個國家裡有著最大的影響力，看起來他會享用這尊榮和優越。」（「這預言結果是讓人痛苦的錯誤」，達爾文在一八四五年補充道）。據說他是二百二十八平方公里土地的主人，有三十萬頭牛。他的土地經管得很好，令人羨慕；比起別的作物，玉米生長最好。

羅薩斯一八五二年在戰鬥中被烏爾奎紮將軍擊敗，以後過著流亡生活，一八七七年三月死於英格蘭。

中大部分時間都在這裡，但到夏天時，他們會到遠在科迪勒拉的山麓狩獵，有時跋涉到北方一千二百公里遠的里奧內格羅河。他們擁有很多馬，據洛先生說，每個男人都有六、七匹馬，所有婦女，甚至小孩都有自己的馬。洛先生說，一個鄰近的「光腳」部落，現在（一八三四年）也已變成「騎馬」部落。

彭巴草原上的印第安人

我們在靠近羅薩斯營地的科羅拉多逗留了兩天時間，在那裡我享受的主要樂趣是觀看印第安人家庭，他們來到我們逗留的草場買一些小物品。據猜測，羅薩斯將軍管理地區有大約六百個左右的印第安人聯盟。這些印第安人是身材很高的「優良品種」，但不久我們就能看到他們和火地島野蠻人一樣的神情，由於饑餓、寒冷和缺少教育，他們顯得猙獰可怕。一些小女人，或叫支那斯（Chinas）的，可以說得上漂亮。她們的頭髮粗糙，卻帶著黑色光澤，並編成了兩條辮子。她們皮膚是深色的，眼睛裡閃爍著機靈；腿、腳、手臂細長優雅。她們的腳踝，有時是腰部，用藍珠子串成的鏈子作爲裝飾品。沒有什麼東西比他們的家庭更讓

壬瓜爾印第安人（普拉塔河盆地）

羅薩斯將軍的士兵

人產生興趣的了。一個印第安母親經常和她的一個或兩個女兒同騎一匹馬到我們的草場來。

女人的責任是裝載或卸載馬匹，在晚上佈置帳篷。某面來說，就像所有野蠻人的老婆一樣，是有用的奴隸。而男人們的責任則是打仗，打獵，放養馬匹，製造騎具。他們的室內任務之一就是拿兩個石頭互相敲擊，直至磨圓，造出流星錘（波拉斯）。這武器對印第安人來說非常重要，他們可以用之捕殺獵物和在平原遊弋的野馬。在打仗時，印第安人的首要目的就是把敵人的馬用波拉斯打倒在地，當陷入纏鬥時，就用矛刺殺。如果波拉斯僅僅輕輕擊中野獸的脖頸或身子，就可能會被野獸帶走而丟失。因爲製造圓石是兩天的工作量，所以加工石頭也變成了很普遍的「職業」。

一些男女會把臉塗得紅紅的，但我沒看到過像火地島人一樣很流行的臉上塗條紋。他們最自豪的是把銀器做成任何東西。我看到過一個酋長，他的馬刺、馬蹬、馬勒都是銀金屬做的。馬籠頭和馬韁，因爲是金屬線做的，不會比繩子製成的馬鞭粗大。看看一匹烈馬在如此輕的馬韁指揮下飛馳，這給了騎馬人非同一般的優雅特性。

印第安人的主要人物都有一、二匹經挑選的馬，用以在任何緊急情況下能快速行動。當羅薩斯將軍的軍隊第一次到達寇里切爾島，他們發現一個印第安人部落，羅薩斯將軍的部隊殺掉了印第安人部落的二、三十人。酋長逃跑的方式實在是令人歎爲觀止。他帶著他的小兒子飛躍到一匹老白馬上，這馬既沒馬鞍也沒馬轡。爲了躲避子彈，酋長使出他部落的獨特騎術，一手繞著馬脖子，僅僅一隻腳跨在馬背上，整個身子掛在馬的一邊。人們看到他拍著馬脖子，和馬交流。追趕者盡其所能拚命追趕，指揮官三次換馬，但都徒勞無功，眼睜睜地看著老印第安人和他的兒子逃走了。

這是多麼棒的一幅圖畫！這個赤裸的古銅色的老人和小孩，像歌劇《瑪捷帕》中的人物瑪捷帕（Mazeppa）一樣騎著白馬，把追趕者遠遠甩在身後。在小薩林納斯的一次戰鬥中，一個有差不多一百一十個男人、女人和小孩的部落，幾乎全部被捕和殺害，只有四個人逃走。在被追捕中，一個被殺害，另外三人被活捉。這三人後來被用作信使送到另一個很大的印第安部落。這個部落在科迪勒拉山邊，是一個團結起來抵禦入侵的部落。他們正準備舉行一個大理事會，母馬肉晚餐準備好了，歌舞也準備好了。第二天早上這三人回到科迪勒拉，他們是特別好的人，皮膚細膩，身高超過一．八米，都不到三十歲。這三個倖存者當然掌握許多有用情報。爲了使他們說出情報，他們被排成一行，問了前兩個，他們回答「No sé」（我不知道，先生），這兩個印第安人被射殺了，第三個仍然回答：「No sé」，並補充說，「開槍吧，我是一個男人，我不怕死」。他們沒有說出一字、沒有說出一句損害他們民族的共同事業。

我在布蘭卡港等待小獵犬號到來的日子裡，聽到這樣一件事，在去布宜諾斯艾利斯路線上的一支郵隊全部被殺了。第二天三百人從科羅拉多趕到這裡，他們大部分是印第安人，晚上在此間過夜。早上他們出發去謀殺現場，並受命沿著山路去追趕，即使要追到智利。他們只消看一眼，就能知道發生了什麼事。

如果他們在查看一千匹馬的軌跡，透過查看多少匹馬的跑步情況，能很快猜出馬上有多少人；透過馬印深淺，猜出馬是否負重；透過馬的腳步淩亂，猜出馬跑得累不累；透過查看煮食物的情況，猜出他們是否跑得匆忙；透過整體印象，猜出跑多遠了。他們認爲爲期十天或兩星期跑出來的距離並不遙遠，足以讓他們趕上。

從里奧·尼格羅旅行到科羅拉多，我們看到一棵著名的樹。印第安人尊這樹爲神靈「瓦裡楚」（Walleechu）的祭壇。它矗立在平原中的高地，因此像地標一樣，遠遠都能看到。每當一群印第安人來到這裡，看到那棵樹就大喊，以表尊敬。那棵樹很矮，多枝，長著刺，地面上直徑差不多一米。它孤零零地站著，沒有鄰居。事實上那是我們在那裡看到的第一顆樹，在那之後我們也看到別的同樣的樹，但它們長得也不一致。因爲是冬天，沒有樹葉，但上面繫有無可計數的線條，各種各樣的貢品如雪茄、麵包、肉、布料等都繫在上面。窮的印第安人沒有什麼値錢的東西，只能從斗篷裡拔絲線繫在樹上；稍富有的印第安人，會依風俗，把酒和茶倒到一個洞裡，再燃起煙火，認爲這樣做會把所有的感恩送給神靈「瓦裡楚」。完成儀式，印第安人會把他們殺掉的馬的碎骨沿樹周圍紮成一圈。

所有的印第安人，不論年齡不論性別，都會貢獻自己的一份。然後，他們幻想著他們的馬跑起來不會累倒，自己會更加寬裕富有。對我說這些事的高卓人說，在平常時期，若他看到了這一場景，他和別的同伴經常在印第安人走了後，去偷祭給「瓦裡楚」的祭品。高卓人認爲印第安人已把這棵樹當作自己的神，但看起來更有可能的是，他們自己把它當作他們的「祭壇」。

黑人

從布蘭卡港出發，經過一天的騎馬，我們決定在一個郵站過夜。這個郵站由一個出生在非洲的黑人中尉負責。以他的名譽保證，可以說，在科羅拉多和布宜斯艾利斯之間沒有一個牧場能像他的郵站那樣清潔整齊。他有一小間屋子爲客人準備，一個小圍欄爲馬準備，這都是由枝條和蘆葦蓋起來的。同樣，他也繞房子四周挖一條水道，在受到攻擊時，作爲防衛。然而，如果印第安人到來，這些都是毫無用處的，看起來這樣做的最主要原因是他想讓自己的生活過得更加完美一些。不久以前，一支印第安人在晚間經過這裡，如果他們知道這裡有個郵站，我們的這個黑人朋友和他的四個軍士早就被屠戮殆盡了。我從沒有見過像這個黑人一樣文明和盡職盡責的人，他不能和我們一起吃飯，這很令人遺憾。

潘帕斯的郵站

在巴西時，在離伊塔卡伊亞（Itacaia）不遠的地方，我們在一座很大的裸露陡峭的花崗岩山下經過，這種花崗岩在這個國家很常見。這個地方好長一段時間因生活在這裡的逃跑奴隸而惡名昭著，這些奴隸在靠近山頂的地方種一小塊地來養活自己。過了一段時間，他們被發現了。一隊軍人被送到這裡來，除了一個老婦人，其他的都被逮捕了。這老婦人不久後也成了奴隸，她最後從山頂跳落，摔得粉碎。在羅馬，一個這樣的女傭會被認爲是對自由的愛好，對一個貧窮的黑女人來說，這只是血腥的愚昧和頑固。

我逗留在瑪恰希（Macahe）河的一座莊園時，幾乎就是這種暴力行爲的一個見證者，這種暴力行爲只能發生在奴隸制國家。因爲一場爭吵和一個官司，主人焦躁得差不多要從奴隸中分離出所有婦女和兒童，在里約熱內盧把他們一個個地拍賣掉。自我的利益而不是良知的譴責，阻止了這次拍賣。實際上，我不認爲分離三十個家庭是不人道的，這些家庭受主人之賜，得以生活多年。然而我發誓，在人性

帕南布科

和同情方面，他不比別的普通人要好得多。可以這樣說，利益的短視和自私的習性沒有終點，我可以說一個小小偶然事件，在那時它對我的觸動遠比殘酷的故事深刻得多。

我和一個非同尋常的黑人擺渡過河。爲了讓他明白我所說的，我大聲地說，比手畫腳，我的手差點都要碰到他的臉。我估計，他猜想我情緒激動，會打他，他那時神情害怕，半閉眼睛，放下了手。我永遠不會忘記我那時的感情：驚訝，嫌惡，看到一個彪形大漢在他認爲有人要打他的臉時居然害怕地放棄反抗，我感到羞恥。這個人的無能比大多數無助的動物奴隸還更低級。在一八三六年十月十九日，我們最終離開了巴西海岸，感謝上帝！我永遠不會再到一個奴隸制國家。

高卓人

在拉斯米納斯（Las Minas），我們在雜貨店（或叫小酒店）過了一夜。

晚間，有相當數量的高卓人出來飲酒、抽雪茄。他們的形象很令人震撼：通常很高，英俊，蓄著鬍子，長髮垂背，穿著亮色衣服，馬刺「哐當哐當」地在腳跟響動，刀像匕首一樣別在腰間（這刀經常會用到）。

從他們的族名「高卓人」（或鄉下人）來看，他們看起來像一個不同的民族。他們的禮貌是非同一般的，如果你不先品嘗，他們從不先喝。雖然他們過度地鞠躬，但看起來他們隨時都會割斷你的喉嚨。

眾所皆知，高卓人是完美的

高卓人

騎手。讓馬摔下、任馬爲所欲爲，這不是高卓人的本性。他們考驗一個人的方法是：能制服未馴的馬；或者馬倒了，但騎手能站得住；或者能表演其他精湛騎術。我聽到一人打賭，他能把他的馬摔倒二十次，他自己一次都沒有摔跌過。我回想一個高卓人騎著一匹烈馬，這馬三次後腿高高躍起，落地時發出巨大響聲，在那時，騎手非常冷靜，不前

不會摔下馬的騎手

不後剛好在合適的時機上，在馬上滑溜，一旦馬起身平站，他就跳回馬背。最後，那人騎著那馬開始狂奔。

高卓人好像從沒有顯示出力量。有一次我看到一個優秀騎手，在馬上高速前進。我想：如果馬突然使力，你這樣心不在焉，你會掉下馬的。就在此時，一隻公鴕鳥在馬鼻子底下的窩裡躥起，小馬駒像母鹿一樣跳到旁邊。而這個騎手呢？我們所能說的是，他和馬一樣受到驚嚇。聽說自小都在馬背上長大的高卓人，若一段時間不騎，當再度回到馬背時，經常會感到肌肉僵硬。一人告訴我，因病在家三個月後他出去獵野牛，結果，此後十天他的大腿非常僵硬，以至不得不躺在床上。

我看到一匹馬喝了一點酒而興奮跳躍，騎手僅僅用一隻手的食指和拇指駕馭，在院子裡全速飛奔，然後進入牧場繞崗亭奔馳，但在和崗亭同等距離的圈子上，騎手伸出他的一隻手，一直刮觸著崗亭；然後馬前足抬起半轉彎，這騎手的另一隻手也伸出去，朝著相反的方向，他們帶著驚人的力量飛馳著。

這樣的馬是馴好的，雖然這樣做在最初看起來沒用，但以後就是另一回事。如果沒馴服好，在受韁繩拉力和警告時，馬就不會像那樣繞著軸心轉。其結果是，許多人因此而死了。如果一個套索圈住一個人的腰部，這套索兩頭繫在反方向跑動的馬上，這人馬上會攔腰折斷。騎在馬背上的人，如果他的套索已經套住一隻動物（如牛）的角，他可以把這動物拉到他喜歡的任何地方。這動物，試圖立地撐住，徒勞地抵抗馬的拖力，一般總是側身倒地被拖著飛奔。而馬立即接受這震撼力，腳步穩健，以至小公牛差點被摔倒，令人驚奇的是，牠們的脖子沒有被拉斷。因捆綁馬的腰身的繩子是和小公牛的近角脖子連在一起的，因而它們的受力是不一樣的。以同樣的方式，如果繫住野馬的耳朵，牧人也能套住野馬。

這種套索是一種細編出來的很有韌勁的繩子，由生獸筋編成。套索一頭繫在馬肚帶上，肚帶和在彭巴草原使用的複雜的馬鞍器具挽在一起；在另一頭，是小鐵圈或黃銅圈子，在圈子上是裝好的繩圈。當高卓人開始使用套索時，用拿馬韁一邊的手，持著一個卷盤；另一隻手晃動繩圈。這繩圈做得很大，大約直徑有二．四米。高卓人在頭上甩動繩圈，用他靈活的手腕使得繩圈張開，然後擲向動物，使繩圈停在任何他想的目標位置上。當套索不用時，就卷起繫在馬鞍後邊。

波拉斯有兩種。最簡單的一種，主要用於抓鴕鳥，由兩粒圓石組成，由皮革包著，並由一根細小的編繩連在一起，大約二．四米長。另一種的唯一區別是由三個球組成，在第一種流星錘的中間再加一個球。高卓人抓住最小的那個球在手上，在頭頂

套索和波拉斯

上一圈一圈轉動另外兩個球，瞄準，像連環射擊一樣扔出流星錘。波拉斯一旦命中目標，就立即纏住目標；三個球互相帶動，牢固地鏈結在一起。根據它們製作的目的，球的大小重量不一。石頭製成的，雖然不比英國蘋果大，但它們扔出去的力量很大，有時甚至能打斷一隻馬腳；我也看到過木頭做的球，像大頭菜一般大，目的是爲了抓住野獸而不是傷害牠。有時也有鐵做成的球，能夠扔出很遠。

使用套索或波拉斯的主要困難點在於騎馬全速前進時，突然轉身抓球或套索，在頭上穩穩地旋轉瞄準獵物；如果步行，很快就會學會這種技藝。有一天我一邊快速奔馳一邊在頭上旋轉波拉斯，偶然間脫手，一球砸向樹叢，它的轉動力沒了，立即砸向地面，然後鬼使神差地打了我的馬的後腿，另一球從我手裡脫出。這馬後來也完全康復。幸運的是，牠是匹久經考驗的馬，知道發生了什麼，否則，牠就可能會試著踢腿，把自己掀倒。

高卓人邊咆哮邊大笑，他們宣稱看到過的任何獵物，都無法逃出他們的套索。在離那棵神秘的樹十一公里遠的地方，我們晚間停了下來。在這時刻，一頭不幸的牛被眼光銳利的高卓人發現了，他們全力追逐，幾分鐘後，就用套索套住了。

在空曠的平原之上，我們要有四種生活必需品：馬生活的草場、水（只有泥水）、肉、火柴。高卓人有著天然熱情尋找這些必需品，我們很快就開始宰殺烹煮這頭可憐的牛。這是我首次在露天曠野下過夜，只以馬鞍做枕頭。高卓人享受獨自生活的樂趣，任何時刻他們都可以收起馬韁，說：「嗨，我們將在這裡過夜。」在死一樣平靜的草原，狗還在警惕地觀察著。這些像吉普賽人一樣的高卓人，在野火周邊打好地鋪，然後睡覺。在我的腦海裡，第一次見到高卓人在外過夜的情形，讓我產生了強烈印象，永遠不會忘記。

在塔普洱昆（Tapuiquen），我們能買到一些餅乾。有好幾天除了肉之外，我品嘗不到任何東西。我一點也不討厭這些新菜譜，但我希望「它」最好只在艱苦的考驗中陪伴著我。我聽說，英國病人有特殊的肉類菜譜，但他們很少能一直堅持吃這些東西，即使肉類能治癒他們的病。但高卓人，他們可以幾個月不吃別的東西，就只吃牛肉。據我觀察，很大部分是脂肪。他們特別不喜歡乾牛肉或那些刺鼠肉。也許，他們的菜譜可以解釋出爲什麼，他們能像別的只吃肉類的動物一樣，跋山涉水到很遠的地方，而不需要補充其他食物。有人告訴我，一些高卓人，他們自己說的，在追趕印第安人時，可以不吃、不喝。

一天晚上我們在馬爾維納斯群島的科依蘇爾（Choiseul）海峽的西南半島夜營。這峽谷確實是一個良好的避風港，但很少有柴火。讓我吃驚的是高卓人很快就找到近期被兀鷹殺害的小牛骨架，用以燃燒，所生的火如同炭火一樣熱。高卓人告訴我，在冬天他們經常殺掉一頭牲畜，用刀把肉刮乾淨，然後用骨頭直接燒烤肉做晚餐。

拉普拉塔人

在聖菲，因爲頭痛我被困在家兩天。一位好

刺鼠

心的老婦人，來給我介紹了許多奇怪藥方。通常的做法是，在每邊的太陽穴貼橘子葉或黑石膏。一種更通常的做法是把豆粒切成兩半，弄濕，在兩邊的太陽穴上各貼一片。在太陽穴上貼這些東西是很容易的。去移動豆片或黑石膏被認爲是不合適的，只能讓它們自行掉落。有時，有人會問一個頭上貼兩片的人：「請問，這是什麼？」他會回答，「我前天頭痛」。

烏拉圭人

在馬爾多納多，第一個晚上外出，我們睡在一所廢棄的農村房子裡。在那兒他們發現了我有兩、三件奇寶，特別是一個口袋型羅盤，引起了巨大轟動。在每一個人家，他們都要求我展示寶貝。在羅盤和一張地圖的幫助下，我們能指出各個地方的方位。這激起他們對我最大的敬意，認爲我是一個優異的陌生人，知道任何我沒去過的地方的任何道路（方向和路在這個開闊的國家意味著同一件事）。在一所房子裡，一個年輕姑娘臥病在床，請我去向她展現我的羅盤。如果說他們對我感到非常驚訝，那麼我對他們感到了更大的驚奇：發現這些擁有上千頭牛以及巨大草場的人竟是如此無知。他們這類愚昧可以由整個國家很少有外國人到訪來解釋。

有人問我太陽或地球是否移動，北方──西班牙所在的地方是更熱還是更冷，以及諸如此類的問題。更多的人對英格蘭、倫敦、北美的概念模模糊糊，認為它們是同一地方的不同名稱。但那些見識稍多的人知道，倫敦和北美是不同的地方，但連在一起，英格蘭是倫敦的一個大鎮。我帶來獨創性的火柴，可用牙齒點燃它，對當地人來說非常神奇，故每次都會吸引很多人觀看。有一次，一個人甚至想用一美元換我一根火柴。

在拉斯米納斯的一個村莊，我早上洗臉引起很多的關注。一個大商人仔細地詢問我一個英國人「極其與眾不同的做法」──在船上我們為什麼留鬍子（他從我的嚮導聽說我們是這樣做的），他用懷疑的眼光看著我。在你最先找到的適宜房子裡借宿一晚，在這個國家是很普遍的習俗。他們對羅盤以及別的魔幻般東西感到驚訝，還有我漫長旅行的經歷，我收集的碎石，收集到的昆蟲，以及知道分辨蛇有沒有毒等等，確實是我的優勢。對於他們的友善，我回報他們以同等的善意。我想我好像是生活在中部非洲的民眾中寫作，雖然東方班達（烏拉圭）人不會因爲此類比較而高興，然而這就是我當時的感覺。

在去里奧內格羅的梅賽德斯的路上，剛到一個牧場，我們請求休憩片刻去睡一覺。該牧場是這個國家裡的最大地產之一，牧場方圓五十五公里之多。牧場主的侄兒負責經營，和他在一起的是一個從布宜諾斯艾利斯逃跑的陸軍中尉，他

農場主

們的對話很好笑。就像往常一樣，他們對地球是圓的感到很驚訝，並且很難讓他們相信：如果挖一個足夠深的深洞，就能從地球的一邊到達另一邊。然而，他們聽說過有個國家一年中有六個月黑暗，六個月白晝，以及那裡人高且瘦。他們對英格蘭的馬、牛的價格和狀況感興趣。當他們知道我們不用套索抓捕動物，驚訝地叫起來：「呀，呀，呀，那麼你肯定就只用波拉斯了。」一個封閉國家的概念對他們來說是很新鮮的。這個中尉最後說，他有一個問題要問我，如果我能非常客觀地回答，他會非常感激。這問題是：「布宜諾斯艾利斯的女人是否是全世界最漂亮的」？我回答道：「從魅力上來說是。」他說還有另一個問題，在世界任何其他地方，女人們是否都戴有這樣的大梳子？我認眞地對他的疑惑進行確認：不。對於我的回答，他們絕對非常高興。這個中尉叫起來：「看，這個見過半個世界的人說確實是那樣，正像我們以前所想的，現在我們能確認了。」

我對梳子和「漂亮」問題的回答讓我受到非常熱心的招待。

中尉硬要我睡他的床鋪，他自己睡在凳子上。

在梅賽德斯，我問兩個人他們爲什麼不去幹活，一個嚴肅的回答是晝日太長，一個說他太窮了。在這個國家，馬產業和大量糧食產業的繁榮是對其他所有產業的阻礙。這裡有很多節日，並且節日只有在上弦月期間才開始。因爲這兩種原因，半個月過去了。

在哥倫比亞，及其他地方，我注意到很多人對即將到來的總統選舉感興趣。對於他們的代表，居民們並不要求他們受多高的教育，我聽到一些人對哥倫比亞代表們的優點進行討論，我也聽說，儘管他們不是生意人，他們都能寫自己的名字。從這點看來，他們認爲那些非常講道理的人應該要被選上。

智利人

我必須對每一個智利人與生俱來的禮貌表示敬意。我可以說一件偶然的事件，我確實對此事感到高興。在門多薩附近，有一個個頭很小但胖胖的黑女人騎著騾子，她的甲狀腺腫得非常大，幾乎不可能不盯著她看。但我的兩個智利同伴幾乎是立刻用這個國家的標準方式，脫帽表示歉意。在歐洲，哪有一個不管低階層或高階層的人能這樣向一個低地位的可憐人或窮人顯示禮貌呢？

我對這個國家的地理勘察和解釋通常在智利人當中引起驚訝，要花很長時間才能讓他們信服我不是爲了礦產而來。這有時確實挺煩人的。我覺得解釋我的職業的最好辦法是問他們，對於地震和火山有多少關心？爲什麼在智利有山，而在拉普拉塔沒有？這些直白的問題立即吸引很多聽眾，讓他們沉靜下來。然而，有些人（像生活在一百多年前的英國人）想，所有這些問題都是無用的。

智利礦工是一個特別的群體，他們有獨特的喜好，要在幾近荒蕪的地方在一起待幾個星期，或是在喜慶的日子去鄉村。他們一點也不張揚放肆和奢侈，他們不是這樣的人。有時他們也賺了點錢，然後像水手獲得獎金一樣，試著多快能把它花光。他們過度飲酒，買大量的衣服，幾天之後，又身無分文地回到淒寒的住所，在那兒，他們幹活努力得像頭野獸。這種粗心率性，不假思索，就像水手一樣，顯然是一種類似生活模式的結果。日常的食物是人家爲他們準備好的，他們沒有關心、用心的習慣，而且同時，自然而然的情境和各種現存安排也不把他們引向思考習慣。

在另一方面，在康沃爾郡以及英格蘭的一些地方允許買賣部分礦脈，因而礦工們不得不爲他們自己的利益思考，那裡的礦工就特別聰明，言行舉止也很得體。智利礦工的穿著很特別，可以說生動如畫。他們穿著一些黑色厚羊毛毯製成的長襯衫，帶有皮革圍裙，然後由一根亮色腰帶在腰間綁起來，褲子很寬，紅布製成的小帽子很緊地扣在頭上。我們見到一堆這樣穿著的智利礦工，他們在抬一個礦友去埋葬。四個人抬屍，步伐很快。在盡全力走了大約一百八十米之後，又有四人來替換抬屍者。這些替換的人是早先騎馬走在前頭的。就這樣，葬屍隊一邊用大聲呼喊鼓勵著彼此，一邊一直往前走。總體上看，這是最奇怪的喪葬習俗。

弗蘭西斯·邦德，英國官員，一七九三年出生於英國肯特郡羅切斯特附近，死於一八六九年七月。他是陸軍上尉時，一八二五年作爲一個採礦組織的代理人，去了南美。一八二六年出版了《簡要備忘錄》，本書取材於他在潘帕斯和安第斯的閃電旅行。達爾文稱讚其「富有激情而準確」。一八三六年他晉升爲加拿大的副總督。

海德船長對這些人力扛夫從最深的地礦裡扛東西做了很深入的描述。我得承認，我原先認爲他所描述的太誇張了，因此我很願意藉此機會來體會其中的一個重物，我隨機地挑出一個，把它從地上背起來，確實花了很大力氣。這個重物差不多是九十公斤，一般來說，算是輕的。這些礦工從礦洞下沿一條陡峭的路上來，所搬運的路程上下垂直距離有七十米，其中有一段路非常陡峭，更大的一部分有臺階，沿「之」字形路徑斜斜而上。根據規定，除非礦井深達五百五十米，否則工人是不允許休息喘氣的。

這些人，除非發生事故，一般都很健康，精神狀態也很好。他們的身體並不粗壯，很少吃肉（差不多一週一次）。雖然知道他們不是被強迫勞動的，但看到他們從洞口出來，確實很讓人

塔納特洛的礦工

維納斯角，塔希提和社會群島的羅望子樹

震撼，他們的身體向前彎，兩隻腳呈弓形，肌肉在抖動，汗從他們臉上流到胸膛，鼻孔朝前伸，嘴角有力地向後拉，呼吸非常急促。腳步蹣跚地走到礦堆，扔下礦石，調整呼吸兩三秒後，擦了擦眉頭剛冒出來的汗水，又快速地下井了。

在我看來，這是極好的例子，說明勞動習慣，而不是別的什麼東西，能使一個人學會忍受。

西班牙人

一天，我們在亞奎爾金礦的時候，一個德國博物標本收集者，名叫雷納斯，差不多同時和一個老西班牙律師恰好碰到一起。他們的對話確實很有趣。雷納斯說西班牙語，那個老律師誤以爲他是智利人，雷納斯問他，對於英國國王派出一個搜集者（指的是我）到他的國家搜集蜥蜴、甲蟲和碎石，有什麼想法。這個老紳士嚴肅地想了想，然後說，「這不好，**hay un gato encerrado aqui**（西班牙語諺語：有問題，不可輕信），沒有人這樣富有以至派出這樣的一個人去撿垃圾。我不喜歡這樣，如果我們的人也去英格蘭做這樣的事，你不認爲英格蘭國王會很快把他趕走嗎？」

這個老西班牙人，從他的職業看，是屬於受過教育的更加智慧的階層，而這個雷納斯兩、三年前在聖費爾南多的一座房子裡留下一些會變成蝴蝶的毛毛蟲，由一個女孩餵養。毛毛蟲謠言在這個城鎮傳開，最後牧師和總督一起協商，認爲這是很異端的，因此，當雷納斯回去時，就被捕了。

和我們一起沿巴拉那河而下的船長是一個老西班牙人，在南美洲待了很多年了。他承認他非常喜歡英國人，但他強烈堅持，特拉法加海戰，是西班牙的艦隊艦長們被收買了，所以英國獲勝。這相當讓我震驚，這人寧願他們的同胞被想成是最惡劣的背叛者，而不是技術不好或懦弱。

大溪地人

在大溪地，沒有比和大溪地人在一起更讓我高興的了。他們神色溫和，遠離野蠻，也顯現出正朝著文明方向邁進的趨勢。普通人在工作的時候，上身基本赤裸，身材看起來是很有優勢的。他們很高，寬肩，身材勻稱，像似體育運動員。他們不需要任何準備，他們的皮膚，比起歐洲人的皮膚，更能讓歐洲人賞心悅目，這特徵相當突出。白人和大溪地

大溪地，土著竹樓

人一道游泳，就像是一種作物被園藝師漂白了一樣，而大溪地人是很精緻的黑綠色。大多數大溪地人紋身，紋身是沿著全身起伏的曲線進行的，這就有很優雅的效果。一些普通的紋身，雖然細節不同，有點像棕櫚樹掌。它從背部中心起紋，雅緻地在左右背上起伏，許多老者在他們腳上紋上一些圖形，就像襪子一樣。這種流行元素，已經逐漸過時了。女人和男人一樣，在背上紋身，也在手上紋。從各個方面來說，她們的地位比男人低多了。

在去山上的一次遠足中，我們的路線是蒂亞奧盧山谷，在那裡，維納斯山巔的河流傾瀉入海。在幾條溪流匯合處的岸上，我們找了一個小平地野營過夜。大溪地人，幾分鐘之內就建立起一所漂亮的房子，然後生火，煮我們的晚飯。

他們在一根樹幹的凹槽裡，一直滾擦一根鈍頭的樹枝，他們的動作好像是為了把凹槽弄深，直到木屑燃起，我們也得到了光亮。一種特別白而輕的木頭就是為這種生火目的準備的。火幾秒鐘內就著了，如果一個人不懂得這方法，是要費九虎二牛之力的，但至少我成功地鑽木取火了，我深以為自豪。高卓人在彭巴草原用了不同的辦法，找根有彈性的樹枝，大約二十釐米，用胸部頂住一頭，另

摩擦生火

香蕉葉和枝幹

香蕉開花

一頭頂入樹幹洞裡，然後迅速地轉動拱起的樹枝，就像木匠師傅使用轉柄鑽一樣。

在生火之後，大溪地人撿了幾個板球一樣大小的石頭，放在點燃的樹枝上；大約十分鐘後，樹枝燒光，石頭變熱了。他們早先時候就已用樹葉包好折疊好的牛肉片、魚、成熟或未成熟的香蕉和海芋頭，把這些綠葉包放在兩層滾燙的石頭之間，然後在上層石頭之上覆蓋泥土，不讓煙和蒸氣跑掉。在大約一刻鐘後，所有的食物都燒烤好了，非常香。現在把這綠葉包放在香蕉葉上，用椰子果殼做杯子，飲用山泉，我們也就享受到了一頓美味晚餐。

澳大利亞黑人

一群很多數量的土著人，叫做白考克圖（White Cockatoo）人，在我們居住於喬治王海峽的時候，恰好來訪問。這些人，就像居住在海峽邊的人一樣，受到大米和糖的刺激，總想開狂歡會（或叫大派對）。當天色變黑，他們開始使用一個盒子，把自己的身體染上白

澳大利亞黑人

點或白線。當所有齊備，大火堆開始發出亮光，婦女、小孩圍成一圈。
白考克圖和喬治王島的人舉行的是不同的派對，一般他們經常在派對上互相唱答。
他們的舞姿多種多樣，或者側跳；或像印第安人一樣列隊，跑入一個空場地。在他們一同行進時，用力跺腳。他們有力的腳步，伴隨著一種咆哮，伴隨著棍棒敲擊，並一起搖頭，同時也一起伸手臂，扭身子。對我們說來，這是最粗魯的場景，也沒有任何意義。但我看到一個黑女人和孩子卻看得津津有味。也許這舞姿最早時候代表一些行爲，比如戰爭，或取得勝利等。有種模仿鴯鶓鳥的舞，男人們像鳥的脖頸一樣彎彎曲曲地伸出手來。另一種舞，男人模仿袋鼠在吃樹葉，有時蜷起身子，假裝要向袋鼠投梭標。
當兩個部落混合在一起，他們跳得地面都抖動起來。天空中迴響著他們狂野的呼叫，每個人都高度亢奮，這幾乎裸露的一群人，在閃爍的火光照亮下，醜陋而和諧地移動著，形成了一個非常良好的狂歡節日，就像別的低等野蠻人一樣。但是，我想，火地島的人沒有這樣亢奮，沒有這樣放鬆。在跳舞過後，所有的人

袋鼠

澳大利亞土著大狂歡

繞成一圈，吃煮好的大米和糖，所有的人都歡歡喜喜。

3. 地理

烏拉圭

在東方班達（或烏拉圭），缺少或者說幾乎沒有樹林，是這裡的一大特點，一些多石山嶺只是部分地面被草叢覆蓋。在大河流岸邊，特別是拉斯米納斯河的北岸，柳樹也不是很常見。在泰普斯河附近，我聽說那裡有棕櫚樹。這些樹，加上西班牙人種的，構成這個缺乏樹木國家的些許綠色亮點。

在西班牙人引入的樹種中，有數量很大的白楊以及橄欖樹、桃樹和其他果樹。桃樹繁育得很成功，以至布宜諾賽勒斯的人大量用桃樹作爲薪柴。極低的低窪地，比如潘帕斯，看起來很適合於種植樹木。

蒙特維迪亞，海上

巴拉那河

巴拉那河多島嶼，這裡一直進行著滄海桑田般的變化。在我們的巴蘭德拉船（一艘帶桅杆的船）船主的記憶中，幾個大島嶼已經消失不見了，其他的島嶼又形成了，並由一些植被保護著。它們由沙土構成，沒有石頭，哪怕是極小的鵝卵石也沒有，大約高於河面一米，但在週期性的大水中又被沖毀。它們有一個共同特徵，很多柳樹和一些別的樹被各式各樣的匍匐植物連在一起，因而形成一層厚厚的植被。這層厚植被也成了水豚和美洲虎的棲息地。對後種動物的懼怕，使人們穿行於叢林的興致一掃而光。在每個島嶼，幾乎都有牠們的蹤跡。在晚間蚊子是很令人討厭的。我曾把我的手露出五分鐘，不久手就變黑了，我認爲我手上的蚊子不會少於五十隻，它們在盡力吮吸我的血液。

在羅薩里奧下十幾千米的巴拉那河西岸，有幾組很峻峭的懸崖。它們呈一條直線般延伸到聖尼古拉斯下，更像是一個海岸，而不是淡水河。河水非常渾濁，對於以風光明媚爲特質的巴拉那河岸來說，這確實是一個很大的敗筆。烏拉圭河穿過花崗岩地貌區域後，河水清澈多了。在普拉塔那裡的兩河匯合處，河水在相當長的一段裡，有黑紅分界，涇渭分明。如此之大的一條河道，是自然界的最佳禮物之一，在這裡看來卻被任意地浪費掉。在這河裡，船隻本可以從一個氣候溫和的地方——這個地方某種產品令人驚訝地豐富而其他產品卻令人驚訝地缺乏，航行到另一個擁有熱帶叢林氣候和肥沃土壤的——據蓬普蘭德（Boupland）先生說的——一個在土質方面世界無敵的地方。如果英國人是首先來到普拉塔這裡的殖民者，誰知道這裡會發生多麼不一樣的變化？誰知道有什麼樣的整潔市鎮會在岸上建立？

蓬普蘭德

蓬普蘭德，AIME，法國植物學家，一七七三年八月二日生於拉·羅切爾，一八五八年五月四日死於阿根廷科達特斯省的聖大安納。一七九九年陪伴伊魯波爾德去南美，一八一一八年再一次到那個大陸。他依次居住在拉普拉塔（現在的阿根廷邦聯）、烏拉圭、巴拉圭（最初作爲一個戰俘）和巴西。他最後不願意回到歐洲。

拉普拉塔河

在布宜諾賽勒斯耽誤了兩個星期，我很高興帶著行李乘船到蒙特維的亞。我們要走的路很長、很累人。普拉塔在地圖上看起來像一個壯觀的三角洲，但實際上很難航行。大面積的淤泥既不壯觀也不漂亮。有一段時間，僅僅站在甲板上才能區分兩岸極低的泥土。

拉普拉塔

在一八三三年九月二十七日晚，我從布宜諾斯艾利斯出發到巴拉那河岸的聖菲。

蒙特維迪亞的海港

在聖尼古拉斯我第一次看到宏偉的巴拉那河。在懸崖頂上，尼古拉斯鎮矗立著，懸崖之下，停靠著一些大船。在到達羅薩里奧之前，我們穿過了一條清澈的流水河，但水太鹹而不能喝。羅薩里奧是一個大鎮，建立在極低的平原上。這裡的巴拉那河邊有一個十八米高的懸崖。河非常寬，有許多島嶼，島嶼低矮，有許多樹，河對岸也一樣。

這景觀原來看起來像一個靜止的大湖，但因爲有許多成排的小島分佈其中，整個景觀看起來更像一片正在流動的水。懸崖是最風景如畫的部

彭巴草原的牛車

分，有的地方是九十度絕對垂直的峭壁，其岩石是紅色。在另一些地方是腐蝕斷裂的岩石，上面覆蓋著仙人掌和含羞草。在聖尼古拉斯和羅薩里奧以北以西許多地方，地面確實非常平坦。任何旅行者對此地「極其平坦」的描述，基本上不能說他們誇張。如果慢慢繞著物體走動，這物體可以在大老遠的地方被發現，直到現在，我還沒有找到有什麼方向看這物體能夠看得更遠，而在其他方向卻不會。

這明顯地證明這平原極其平坦。在海上，如果一個人的眼睛在海面上一．八米，他能見到二．八英里遠。同樣地，一個地方越平坦，人的視力範圍就越接近這極限。我的觀點是，這「毀壞」了人們所能想像的一個大平原所具有的全部莊嚴。

彭巴草原

在東方班達（烏拉圭）的庫弗里崗哨，風景宜人；一片波浪起伏的綠色原野，並可瞥見遠方的普拉塔。我發現我第一次到達這省的印象改變了很多。當時，我認爲它是罕見地平坦，但現在（一八三三）在穿越彭巴草原之後，我的唯一驚訝是：「當時我爲什麼稱之爲平坦」。這個國家是一系列波浪起伏的山巒，也許山不是很高；但是比起聖菲，確是多山。在這波浪起伏裡，有著大量的小河，草原綠色而繁茂。

許多動物的遺骸沉積在這三角洲，形成了彭巴草原，並覆蓋在東方班達的花崗岩上，其數量一定相當多。我相信在彭巴草原這個無遮無擋、一望無垠的地方，向任何一個方向畫出一條直線都會直直地穿過一些骨架或骨頭。除此之外，在我短暫的外出中，我聽說許多奇異故事和許多地名的起源，比如，動物之河，巨人之山，這些都是顯而易見的。

在別的時候，我聽說一些河裡有令人驚歎的財寶。這寶物能把小骨頭變大，有些人堅持，這骨頭是自己長大的。我意識到，不是像以前人們所猜想的，一種動物在它們生活的沼澤或河床滅絕，而是在它們埋骨的水鄉澤國裡，河流穿過時讓它們的骨頭從河床裡露出。我們可以得出結論，彭巴草原整個區域是已滅絕的巨型動物的墳墓。

在回憶起以前的場景時，我發現巴塔哥尼亞平原經常進入我腦海，雖然所有的人說這個地方荒涼無用，沒有定居點，沒有樹，沒有山，它僅僅產生一些矮小的植物。那麼，爲什麼對這貧瘠無用地方的印象，在我腦海裡卻刻得這麼深？而且不只是我一個人有這樣的印象？爲什麼非常平坦、綠色而且更加肥沃的彭巴草原，能夠造福人類的彭巴草原，不能讓人產生出同等深度的印象？我無法分析這些情感，但是，這部分應歸結於自由發揮的想像空間。巴塔哥尼亞平原是無邊無際的，因爲它難以逾越，所以不被人所知。這狀況持續了無數個世紀，直到今天也是一樣，並且在將來，這蠻荒狀態也不知要持續多久。如果就像古時所假設的，平坦的地方被很寬的不能逾越的水包圍，或者被炙熱難以忍受的沙漠包圍，那麼，誰不會在看到這迷失的邊界時，被深深地震撼但又產生茫然的感覺？

火地島

火地島可以形容爲一個多山之島，一部分浸入海中，因此，深深的峽灣和海灣佔據了峽谷本應佔有的位置。山，除了裸露的西海岸之外的山，從水邊往裡看，都被大片森林覆蓋。樹林延伸到海拔三百零五到四百五十七米的山上，其上是泥煤地帶，有低矮的阿爾卑斯植物，再其上是白雪皚皚的山巔。在這塊地方想找到一塊平地是很困難的。我記得在靠近法敏港（饑荒港，Port of Famine）附近，有那麼一小塊，在古爾里路旁，也有一塊狹長延伸的平地。在這兩個以及其他地方，地表覆蓋著潮濕的泥煤。即使在森林，地面也藏在正慢慢腐蝕的植被層裡。這植被層，因浸泡於水中，都能沒足了。

所有的樹都是同一類——山毛櫸。山毛櫸屬於常綠樹，但它的葉子是一種特別的棕綠色，還帶有一絲黃色。所有的風景只有這種色彩，難怪乎這地方就只有嚴肅、沉寂展現了，而且陽光也不是經常光顧這個地方。

一八三三年一月二十八日，費茲羅船長決定，乘坐兩隻小船對比格爾海峽西半部進行考察。令我們驚訝的是，這天異同尋常地熱，我們的皮膚都被烤灼了。這樣的天氣裡，海峽中部的風光相當值得一提。

縱目遠望，在兩山之間如此之長的峽道竟沒有任何障礙物堵住視線。我們一直航行到天黑，然後在一灣鵝卵石沙灘搭起帳篷。在那裡，躺在睡袋中，我們

麥哲倫海峽的山和冰川

過了一個非常舒適的夜晚。第二天早上，我們到達了比格爾海峽的尖角，這裡把比格爾海峽分成兩支，我們駛進了北支，這兒的風景比前面的更加壯觀，北邊高山巍巍，形成這個地方的花崗岩軸心或者說是脊柱，插入天空九百到一千二百米，其中一個山巔則超過二千米。它們一年四季白雪皚皚，眾多的瀑布從山上飛瀉而下，穿過森林，流向大海。在許多地方，大冰川從山上直接延伸到海邊。

很難想像有比綠寶石一樣的冰川更漂亮的東西，特別是映襯於其上的茫茫白雪。從冰川掉到水裡的碎片漂流而去，浮有冰山的冰河有二千米，這裡是極地海洋的小縮影。

小船在我們晚飯時被拉到岸上。我們正在欣賞遠方八百米處的懸崖上掛著的冰塊，希望能看到一些冰碎片掉落下來。突然間，聽到一陣轟鳴的低吼聲，我們立即看到海浪平平地湧向我們，水手們以最快的速度跑向船，因爲船極有可能被打成碎片。一個人只來得及抓住船頭，海浪一次一次打來，但他並沒有受傷。這船三次被高高掀起，三次落下，也沒受到損害。對我們來說，運氣尤佳，因爲我們離船艦有一百六十公里之遠，並且我們也將快要缺乏物質供應和火藥。

奇洛埃島

一八三四年十一月三十日，周日早晨很早我們到達了卡斯楚，就是奇洛埃島的古都，現在它是一個最淒涼、最荒蕪的地方。西班牙城鎮通常的四邊形佈局還依稀可見，然而街上和廣場到處都被綠色荒草覆蓋了。綿羊在悠閒地吃草。教堂建立在鎮中央，全部由厚木板構成，流露出莊嚴和秀麗。

這個地方的貧窮可以從以下事實聯想到：雖然這裡有幾百個居民，但卻很難爲我們的派對買到四百五十克的糖，也買不到一把普通的刀子。沒有人擁有手錶或時鐘；一個老人家，據說對時間很敏感，被雇來用他的判斷敲鐘報時。在這個平靜的、被人遺忘的世界角落，我們的到來是一件罕有的盛事，幾乎所有的人都來到海邊看我們搭帳篷。

瓦爾帕萊索

在晚間（一八三四年七月二十三

智利，瓦爾帕萊索，海關衛城

日），小獵犬號在瓦爾帕萊索拋錨，這是智利的重要港口。

當清晨到來的時候，一切都令人喜悅。

在離開火地島之後，氣候非常好，空氣乾燥溫和，天空晴朗，陽光明亮，所有的自然界生物看起來生機盎然。從港口四望，風景非常迷人。瓦爾帕萊索鎮是建在一座小山山腳之下，這些小山差不多只有一百八十米高，但顯得相當陡峭。

這個地方包含著一條很長但蜿蜒的街道，和海岸平行。哪裡有溪谷，哪裡就有房子建在溪谷兩邊。小小圓山，僅

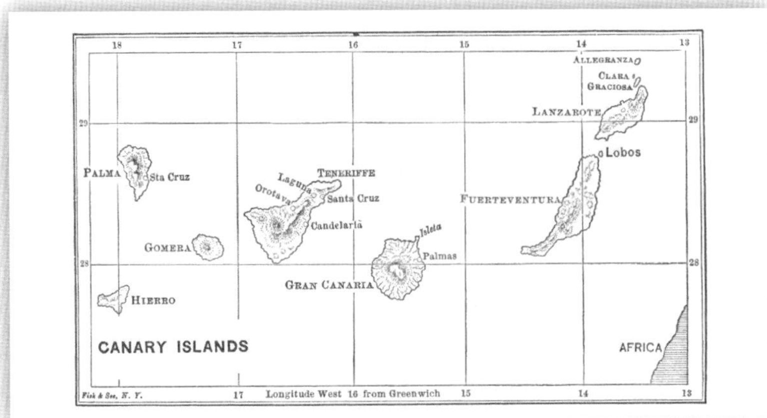

加那利群島

聖克魯茲憲法廣場

特尼里弗之巔

橘子林

部分地被一種稀疏的植物覆蓋，裸露出無數的小峽谷，小峽谷只有單一的亮紅色土壤。從街道以及低矮的白色瓦頂房看，讓人想起在特尼里弗的聖克魯茲。在東北方向，能看到一些安地斯山的好景致。然而，當從附近小山看時，安地斯山就更顯得雄偉，這些山之間的距離也就更容易地被感受到。阿空加瓜的火山非同尋常地壯麗，它的高度達到七千米。

基洛塔

誰稱瓦爾帕萊索是峽谷伊甸園的，他應該想想基洛塔。那些只看過瓦爾帕萊索附近地方的人，難以想像在智利有如此美麗的地方。我們一到塞拉，基洛塔峽谷就映入眼簾，非常寬，非常平，非常易於灌溉。一個個小小的方形花園裡多是橘子、橄欖樹和各種各樣的蔬菜。在峽谷的兩邊，大山聳立，和多姿多彩的谷底平原互相映襯，賦予峽谷更大的魅力。

瓦爾的維亞

瓦爾的維亞坐落在一條溪流的低岸上，距海邊一萬六千米遠。整個市鎮完全埋沒於蘋果樹之中，街道就像是果園裡的小路。我從沒見過其他什麼地方的蘋果樹能比在南美如此潮濕的環境生長得更好！在路邊有許多小蘋果樹，顯然是自己發芽生長的。在奇洛埃島，居民有著令人讚歎的修建果園的技藝。在幾乎每一根枝條的尾端下，小小圓柱形的棕色而皺折的尖端突了出來，總是隨時變成根系，這根系有時在只有少量泥土的地方也可以見到。

早春時，選出有如一個人大腿一樣粗的樹幹，切斷它的末端，再切掉所有的小枝條，然後，把這段樹幹埋入地面下大約六十釐米，明年的夏天，這樹幹就會長出長長的枝條，有時還有果實。有人向我展示新嫁接的長出二十三個蘋果的樹。在第三個季節，樹椿就變成了長得很好的樹。一個住在瓦爾的維亞附近的老人，透過他那從事蘋果加工的經驗，給我講述了蘋果的幾個用途：做蘋果汁和蘋果酒；從剩下的渣裡提取製出滋味很好的白酒；透過另一種辦法，他製造出了糖漿，或者就像他所稱的——蜜糖。在這個季節，他的孩子和豬大部分時間都生活在果園裡。

智利

智利，從地圖看只是在科迪勒拉山和太平洋之間的狹長地帶。這地帶本身被幾條越嶺線橫貫，靠近基洛塔，和科迪勒拉平行。在這些越嶺線和科迪勒拉之間有一系列谷地，一般有較窄的路連接這些谷地，這些谷地也向南一直延伸到南部，主要城鎮就坐落於這些谷地中，比如，聖菲力普、聖地亞哥、聖費南多等等。我毫不懷疑，這些盆地和平原，以及平穿的峽谷（就像基洛塔）是古時的水灣或港灣，就像火地島及其西部的縱橫水道一樣。智利和後者的相似性偶然地得到有力驗證：當霧籠罩在低地，白色水蒸氣捲入峽谷，意味著這裡以前是小水灣和小海灣；到處都看得到隱隱約約的山巔，這說明它以前是海島。

利馬

在海水慢慢後退時，一塊峽谷平原產生了，利馬就昂立在這平原之上。它離卡亞俄十一公里，比卡亞俄高一百五十米。但是坡度非常平緩，路顯得格外平坦。因此在利馬，很難讓人相信他已經走了離水平面三十米的高度。陡峭小荒山在由平直土墩分割成的很大綠地平原上升起，就像海面上的海島一樣，這些地方，除了一些柳樹、香蕉樹和橘子樹，很少有樹木生長。以前，這個「國王之城」——利馬應該是很恢弘壯麗的，即便是現在，大量的教堂也賦予這個地方特別震撼人心的特徵，尤其是近距離觀看的時候。

一天，我和一些商人在城市附近打獵，我們的打獵不如人意，但我有幸見到一個古印第安人村莊的遺跡，一個土墩，立在村莊中心，就像一個自然小山。房子、圍牆、

利馬

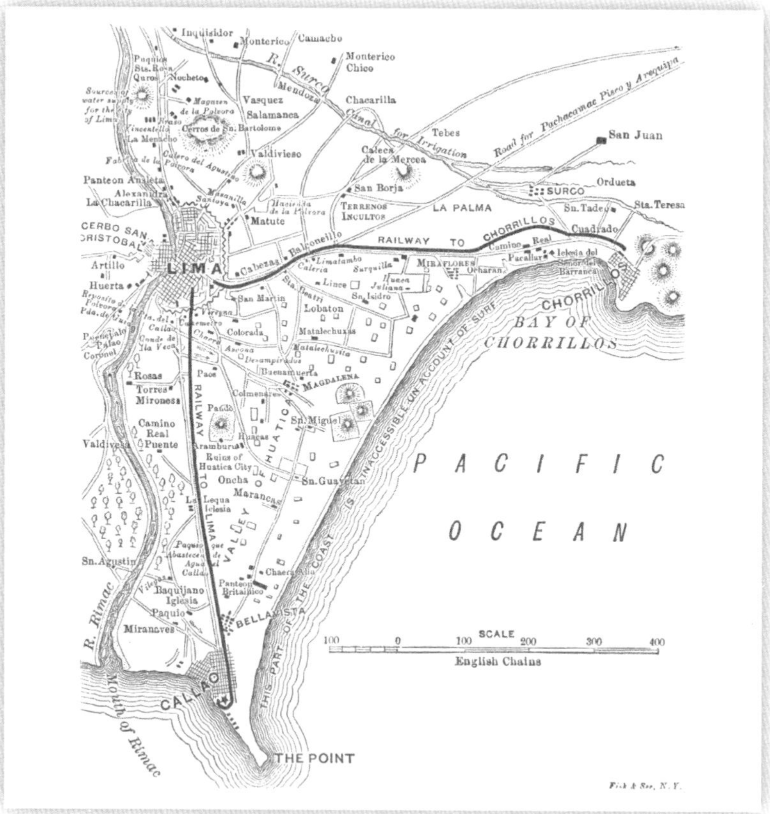

利馬

灌溉之渠、埋葬用土墩，這些遺跡散落在平原上。當想像這個古代人群的生活條件和他們的人口數量時，這些遺跡很難不給人深刻印象。他們的陶器、羊毛衣、精巧的生活用具（從最硬的石頭裡打出）、銅製工具、珍貴石頭做的裝飾品、宮殿以及水利設施，當考慮到這些後，人們很難不敬佩他們在藝術世界裡所創造的相當高度的文明。

麵包樹的果實

大溪地

珊瑚礁包圍整個大溪地的海岸線。珊瑚礁之間，有廣闊的靜水區，就像一個湖，在那裡，當地的土著能划獨木舟安全地通過，輪船也可以停靠。和珊瑚沙灘連在一塊的低地上，到處都是熱帶地區最美麗的「作品」，在香蕉樹、橘子樹、椰子樹和麵包果樹之間，一些平地上種了土豆、甜薯、甘蔗和鳳梨。即使在灌木林，也種上了果樹，比如芭樂。

然而，太多的芭樂樹反而變得有害了，就像蘆葦一樣。我們經常羨慕在巴

里奧的植物公園，棕櫚樹之道

西，各式各樣的果樹如香蕉樹、椰子樹和橘子樹參差在一起。在這裡一樣有麵包果樹，樹的掌狀葉子很大、光澤深，顯得華麗。彎彎曲曲的小路，隱藏在樹陰下面，很是陰涼，它連著散散落落的房子。那裡所有的屋主都給了我們熱情的接待。如此美麗的果樹，以及主人的種植技藝，毫無疑問，使得我們產生了羨慕之情。

新南威爾斯

在新南威爾斯的大片土地上，景色單調是這裡的最主要特徵。每個地方，都只有稀疏曠野樹林，還有一些小牧場，稍稍露出點蒼翠。

所有的樹幾乎只屬於同一類科。所有的樹葉都向上生長，而不是像歐洲那樣的平平前伸。樹葉不多，是一種特別的灰綠色，沒有一點光澤。因此，樹就沒有濃陰，顯得很稀疏。雖然夏天旅行者在其下會受到曝曬，感到不舒適，然而對農民來說，這很重要，因爲可以讓草生長，在有濃蔭時就

大溪地海岸之景

開普敦，好望角

不會。樹葉不會週期性脫落，這是南半球的一大特色。南半球以及赤道一帶的人們從未得到「上天眷顧」，所以沒有葉子的樹長出了嫩芽，在這裡也許算是一大奇蹟（在我們眼裡卻也普通）。然而，他們可以說，我們幾個月來在這塊地方栽上這近乎無葉的樹苗，為此付出了高昂代價。這的確是眞的。然而對有著精緻綠色的春天，我們感覺別有滋味；那些在熱帶叢林生活的人，常年之中也能享受熱帶氣候所帶來的華美自然之景色，但這對他們來

桉樹，或藍桉

說，是前所未有的。

很大數量的樹，除了藍桉樹，都長得不大，稀稀疏疏，很高很直。一些桉樹樹皮每年都會脫落，或長長地掛在樹上，在風中搖擺，讓樹顯得凌亂荒涼。在每個方面，瓦爾的維亞或奇洛埃的森林和澳大利亞的樹木，都會形成鮮明的對照。

我無法想像，還有哪個地方的樹木會如此的不同！藍山西部，林地一般很開闊，騎馬就可以穿過。幾條平地中河谷縱橫，河谷無樹，顯草綠色。在這些地點，風景極像公園。整個國家，我很少看到哪個地方不留下「篝火」的痕跡，不管這篝火痕跡是新的或是舊的，不管是深黑或淺黑，和環境形成了很大的不協調；也在很大程度上引起了旅行者的審美疲勞。在這些樹林裡，很少有鳥，然而，我看到了很多群美冠鸚鵡在田間覓食。一些最美的鸚鵡，頂冠像英國的穴鳥，其他的鳥有點像喜鵲。

4. 自然

森林

在所有深深地影響著我的自然景象中，沒有任何景象能比原始森林更壯觀。不管是生命之火旺盛的巴西人，還是接近死亡腐朽的火地島人，都沒有對原始森林產生重大的破壞。這兩個地方是自然之神的廟宇，在它們上面佈滿了自然之神各式各樣的傑作。

在熱帶森林，當靜靜走在蔭蔽小路，欣賞著每一處宜人風景，我想像著用怎樣的語言來表達我的觀點，對那些從沒有參觀過熱帶叢林的人來說，我發現很難向他們表達心靈所體驗的愉悅。大地是偉大的，狂野、懶散而繁茂；自然自身形成，但由人類來接管，人類在其中建立漂亮房子和花園。如果有可能看到這樣的景象，每一個自然的憧憬崇敬者都會衝動地認爲是到了另一個星球。然而對於每個歐洲人來說，在遠離他們的家鄉僅僅幾個經緯度，另一個偉大的世界正在向他敞開著。

在我最後一次行走在這個世界裡，我一再停住腳步，凝視這些美景，試圖永遠把它們定格在我的腦海之中。我知道，或遲或早，這些印象將逐漸淡化。橘

芒果樹果實

子樹、椰子樹、棕櫚樹、芒果樹，香蕉樹和蕨類植物，這些將會保存在記憶中，但是其他的樹木將逐漸在記憶中褪色。

貝殼杉

在紐西蘭懷馬特，兩個傳教士和我步入附近森林，他們向我介紹了著名的貝殼杉。我量了量這一「珍貴樹種」中的一棵，在根莖上它的周長達到九米，據說有一棵直徑不小於十二米。這些樹的顯著特徵是它們的光潔樹幹，樹幹可高達十八米，甚至會有二十七米。和樹幹相比，樹冠的枝條突然不成比例地小了很多；比起樹枝，樹葉也一樣突然地變小。這片樹林的樹木幾乎都是貝殼杉，最大的樹直立著，像巨大的圓柱。

大海草

有一種海洋生物，它的重要性，在歷史中佔有一席之地，這就是大海草（泡葉藻）。在火地島的沿岸和海峽裡，從低水區到深海，這種生物生長在每一塊岩石上。我相信，在比格爾號和冒險者號航行途中，沒有哪塊露出海表面的石頭不被這種浮游生物覆蓋著。船隻穿行於這片風浪之地時，顯示出它的用處，它拯救了許多將要觸礁的船隻。在西部大洋的高風浪地區，也可以看到這茂盛繁密的大海草，對於我來說，這也是我知道的事情中最讓人驚歎的一件。即使西部大洋岩石是如此堅硬，也不能抵禦大海草的入侵。它的莖圓細光滑，很少有直徑超於三釐米的。

一些大海草集中在一起，能夠使它們黏附著的大石頭浮起來，在海峽內陸，它們附在石頭上，而一些石頭是如此沉重，當它們被拉出水面，很少能一個人就把它拉到船上。

庫克船長在他的第二次航行之旅時說，在凱爾蓋朗群島，這植物從四十四米水下長出，「它不直直長起，在底部非常彎曲；在水面會延展幾十米。我可

科穀倫，聖誕港灣

海星

以確信它們之中的一些可以從一百一十米深的底下長出。」就像庫克船長所說的，我想像不出還有什麼別的植物的莖能長出一百一十米。菲茨．羅伊船長，發現它從八十二米深的水下往上長。這大海草草床即使不寬，也會成為天然的防波堤。在敞露的海港，看波浪湧過凌亂的海草，浪高降低，變成靜水，這是一件挺有趣的事。

那些以大海草爲生的生物，數量很多。這些動物可以說是這些海草的寄生物。幾乎所有的葉子，除了那些浮在表面的，都被白色珊瑚厚厚包裹。如果有人搖動糾結的根部，一群小魚、貝殼、烏賊、螃蟹、海膽、海星會跳出來。每次去看大海草，我都能發現具有新奇構造的動物。我僅能把南半球的海洋森林和熱帶雨林和它相提並論。

如果一個國家的森林被毀掉，我不認爲這造成的動物滅絕會比毀掉大海草所造成的動物滅絕更多。大海草的葉子是無數魚類的食物，沒有這些大海草，這些魚兒就不能找到食物和庇護所，如果成群的魚滅絕，那麼鸕鷀和別的食魚鳥、水獺、海獅、海豚不久也將滅絕；最後，火地島的野蠻人，這塊土地的主人，人口數量減少，到最後可能完全消失。

山

火地島的風景經常讓我感到很驚訝，不是很高的山，而看起來卻格外陡峭。起先我不明白，後來我猜測可能是由於一個原因引起錯覺。這原因就是：火地島的山，從山頂直到山腳和水邊，都會完全進入視野。我記得我在貝格爾艦上看到一座山，從山頂到山腳，山的全貌一覽無遺；然後在龐森比港灣，穿過幾個山脊，也看到過這種山。這些清朗的山脊提供給我們嶄新的方法來測算距離，透過這種辦法來測量山的高度是別有趣味的。

薩米恩托山是火地島最高的山之一，海拔二千米，下面八分之一的高度被灰濛濛的樹木籠罩，上面積雪覆蓋一直延伸到山頂；茫茫白雪，從未融化，呈現出莊嚴壯麗的景象。一些冰川，從山上大面積的嶺雪彎彎曲曲一直延伸到海邊，它們可以和尼亞加拉斯凍河相比較。這些藍色冰川也許完全和流動的冰河一樣漂亮。在火地島雪線很低，我們可以想像得到，許多冰川直接連接到海邊。無論如何當我第一次看到冰川時，我驚愕了，僅僅九百至一千二百米高的山，每一條山谷裡的小溪都成了冰河，一直連接到海岸。

海水滲入到海島內陸高地。一個考察隊的官員說，不僅僅在火地島，在火地島以北一千公尺海岸，幾乎所有海灣都被巨大和驚人的冰川隔絕。大塊的冰經常從懸崖落下，撞擊聲一遍一遍迴響著，穿過孤寂的水道，就像軍艦的舷炮發出轟隆聲音。眾所皆知，地震經常引發大量的土石從懸崖上掉落。冰川本身一直在運動著，會產生一道道裂痕，可以想像一個強烈的震動（這裡發生過）對像冰川這樣的東西會產生多可怕的影響。我相信水在最深的海峽會被巨大力量震盪出去，然後以壓倒一切的力量反撲回來，猛烈拍擊懸崖上的石頭，像搗弄穀殼一樣把石頭拍成碎片。和巴黎的緯度一樣高但卻在南半球的艾爾海峽（Eyre's Sound），有非常之多的冰川，然而附近最高的山也就約二千米。在這裡的海峽，一次可以看到大約五十個冰山向外流動，其中一個冰山高度至少有五十米。一些冰山上有很多相當大的花崗岩和別的石頭，其構成因附近山上的黏土岩不同而不同。在冒險者號和貝格爾號的探測中，離極地最遠的冰山應是在南緯四十六．五度的佩納斯海灣，它有二十五千米長，在一個部位寬十千米。

一八三四年十一月二十六日，一個美麗的好天氣，我們在奇洛埃島的東岸看到奧索爾諾火山噴出濃煙，這是最完美的一座錐形山，白雪皚皚，矗立在科迪勒拉山之前。另一個大火山，有著馬鞍一樣的山頂，從它的熔岩口一直噴出些許蒸汽。其後我們看到了有著峻崖之稱的科爾科瓦多火山（又名駝背），確實名副其實。我們在一個地方看到了三座活火山，每一座都有二千米之高。而且，我們也在南方看到錐形山上覆蓋著茫茫白雪，雖然不知道是不是活火山，但起碼應該處於火山爆發早期階段。這附近的安地斯山脈沒有在智利的那麼高，也不是這個地區的一個完美屏障。這一山脈，雖然總體來說是直直的南北向，但總是有或多或少的彎曲。

化石樹

在烏斯帕拉塔山脈（門多薩省）的中央部分、海拔大約二千米高的裸露斜坡上，我看到了一些雪一樣白色的長圓柱物。這些是石質化的樅樹，曾被外力折斷，地面上剩下的樹幹大約高一米，樹有五十幾棵，周長都在〇．九至一．五米。它們互相之間有些許距離，構成了一個整體。我承認我看第一眼的時候感到非常驚訝，我幾乎不能相信這場景所蘊含著的神奇故事。我想像著，當海洋（現在已經退回幾百千米）來到安地斯山腳下，那時候這地方一簇簇樹木在大西洋沿岸揮舞著枝條。我看到它們在火山土上盡情成長，這火山土壤已經堆積得比海平面都高。然後這土地以及長在上面的樹，又被海洋淹沒（被浸入海洋深處）。在海洋深處，以前乾燥的土地被一床床沉澱物覆蓋，然後又被大量的海底熔岩覆蓋，一層這樣的熔岩就有三百米的厚度。這融化石頭形成的洪流和液狀物曾五次在海床上鋪散開來。

被這些沉澱熔岩覆蓋的海洋應該非常深，但是地層力量極致地發揮作用，因而我們現在看到那些從海洋之底升起形成一系列高達二千米的高山。那些反作用

烏斯帕拉塔關口

力也從不間著，它們總是不停地砍削山脈和陸地的表面，很大的岩層被許多峽谷切割，因而原先埋在沉澱熔岩底下已經變成矽石的樹，又從火山土壤（現在變成石頭）中暴露出來。這個曾經翠綠充滿生機的火山土層，現在升得如此之高，展現給世人以峻崖的山巔，也因而變得如此荒涼以至不能爲人所開發。大量難以理解的改變曾經發生。不過相比科迪勒拉的歷史，這些改變都發生在近期。比起歐洲和美洲的化石層，科迪勒拉本身也是很年輕的。在北智利的科皮亞波，我待了兩天收集貝殼和樹的化石，巨大矽酸化的伏地的樹幹非常多。我測量了一株，周長五米。很讓人驚訝，這些圓樹裡的樹質微粒都不見了（每個微粒都移走了），由矽石替代；它們保存得如此完美，以至每一個樹洞和樹孔都被保存完好。

這些樹都是樅樹。那些當地人討論我的貝殼化石，幾乎和一個世紀前歐洲人使用的言辭一樣，就是這些化石是否由自然而生，這太有趣了。

弗勞沃得角（巴塔哥尼亞），麥哲倫海峽

老海床

從麥哲倫海峽沿著巴塔哥尼亞東岸到科羅拉多河，一路上風景都是清一色。看起來從這條河向內陸延伸，一直到北方的聖路易斯甚至更北的地方，也是一樣。在這彎彎曲曲的東部海岸，相對潮濕的盆地和綠色的布宜諾斯艾利斯平原就位於這裡。荒蕪的門多薩和巴塔哥尼亞平原上有許多河床，到處是鵝卵石，這應是在古代海浪的幫助下形成。然而在彭巴草原，薊草、苜蓿等野草叢生，古代普拉塔河口淤泥堆積成了彭巴草原平原。

地震

這一天（一八三五年二月二十日）值得記住。在瓦爾的維亞的編年史上，這裡最古老的居民經歷了一次最嚴重的地震。我恰巧也在岸上，躺在樹林裡歇息。地震突然發生，持續了兩分鐘，但是讓人感覺持續時間很長。人們很容易感覺得到地面顫動，直直站著也不難，但讓我頭暈異常。這有點像一艘船在交錯的水波上，或更像在薄冰上滑行，冰在重力下發生彎曲時滑冰者的感覺。破壞性的地震立刻摧毀了我們最古老的依存物：我們所站的大地。這堅硬實在的象徵，在我們腳下移動，像一片薄殼在液體上飄蕩。在地震時，那一剎那會造成巨大的不安全感，這種不安全感是如此巨大，在平時就算是長時間的激昂狀態都無法造成這麼深刻的印記。在樹林裡，微風吹過樹梢，我感到地球在顫動，但沒有看到別的影響。

在地震時，菲茨．羅伊船長和別的船員正在鎮上，那裡的場景更加觸目驚心。雖然木頭建造的房子沒有倒掉，但它們劇烈地搖動，木板互相碾壓，發出吱吱呀呀的聲音。人們驚恐地衝出了房子。潮汐以一種奇怪的方式被影響。一個在沙灘上的老年婦女告訴我，地震發生時正值退潮，然而水向高水位流動得非常快（但沒有很大的波浪），接著又迅速退回到一個正常的水平。看看潮濕的沙子，這也是證據。

三月四日我們到了康賽蒲賽翁港口，船開始靠岸，我在奎恩奎那島登陸。當地市長很快騎馬來告訴我有關二十日地震的可怕新聞：「在康賽蒲賽翁和塔爾卡瓦諾（港口）沒剩一座房子，七座村莊被摧毀，浩大波浪幾乎把塔爾卡瓦諾的殘垣斷壁洗掃一空。」對於他的最後一句話，我很快就看到非常多的證據。整個海灘撒落著木頭和傢俱，除了很多椅子、桌子、書架等，也有村舍屋頂。村舍幾乎被掃空殆盡。塔爾卡瓦諾的倉庫被破壞，大包的棉花、巴拉圭茶和其他有用的商品，在沙灘上星星點點。我在海島上行走時，發現很多碎裂的石頭，從黏附在這些石頭上的水產品來看，它們不久前是在深水區，現在被震到高岸。一粒這樣的石頭有二米長、一米的寬和高。我相信，在這個世紀中，這震動比起平常天氣和海洋運動更加能毀損奎恩奎那島。

第二天我在塔爾卡瓦諾登陸，然後騎馬到康賽蒲賽翁。兩鎮如此可怕而又有趣的景觀，我還是第一次見到。

對一個以前知道這兩鎮情況的人來說，它可能更令人印象深刻。這些遺跡亂七八糟地混雜在一起，幾乎令人無立足之地。讓人很難想像它的原貌。地震發生在上午十一時半，如果發生在午夜，那麼大部分人（在這個省有幾千人）將消失，而不是只死了不到百人。往常的逃生做法——在地面第一次震動時就衝出門口，單單這種方式就救活了很多人。在康賽蒲賽翁，一座或一列房子變成了一堆或一線的遺跡。但在塔爾卡瓦諾，由於大海浪，除了一層磚頭、瓦片和樹木，以及零零落落的殘垣斷壁，基本沒剩下什麼。康賽蒲賽翁雖然沒有完全變爲廢墟，但更加可怕，如果我能這樣形容——那就是「殘酷的奇景」。第一次震動很突然，奎恩奎那市長告訴我，他感覺到出事的第一個意識是發現他騎的馬和他自己在地上打滾。爬起來，又一次摔倒了。他也告訴我站在海島峻崖旁的一些牛也滾到了海裡。大浪使一個低島的牛損失頗大，在靠近海灣那頭，七十頭牛被沖走淹死。無數次的餘震跟隨著而來，在震後前十二天，餘震超過三百餘次。

我不知道在康賽蒲賽翁，有多少居民沒有受傷，許多房子向外倒下，因此在街道上形成了磚瓦和垃圾的小山。魯斯先生，英國領事，當第一次震動來臨時，他正在吃飯。在一邊房子崩塌時，他剛剛跑到院子中央。他的腦海裡有逃生的立即反應：如果他能跑到那屋頂已經掉落的廢墟上，他就能安全。由於在大地震動之時，人不能站立起來，他用他的手和膝蓋向前爬，不久他爬上那稍高的地勢，馬上另一邊的房子也向內倒下，大樑木緊貼在他頭上飛過。他蒙住了眼睛，嘴巴被灰塵堵塞了，這灰塵把整個天空染黑，最後，他終於到了街上。

地震一個接著一個，在間歇的幾分鐘，沒有人敢靠近震毀的房子。沒有人知道他最親愛的朋友和親人是否傷亡或需要幫助。那些搶救了一點財產的人不得不一直睜大眼睛防止小偷光顧，每一次的小餘震，他們用一隻手拍打著他們的牲畜，叫喊著上帝保佑，另一隻手則顧著從廢墟裡找來的東西。茅屋頂著火了，火焰向四處亂闖。幾百人知道他們的財產被毀掉了，很少有人能找到食物。一般來說，圓拱門或窗戶比房子別的部分更經得起震動。但這次，一個貧窮瘸腿的老人，依照他的習慣，在地震時向一座門爬動的過程中，被壓成碎片。

地震後很快就看到四千至六千米遠的地方來了巨浪，接近海灣中心的時候，巨浪的輪廓顯得平滑。但是到了岸上，它們撕裂村舍和樹木，橫掃岸上一切，氣勢不可阻擋。在灣頭，形成一道可怕的白色浪花，沖起的浪花離海面垂直高度可達七米。它們的力量應該相當強大；在城堡，一個加農炮連同它的運具，估計有四噸重，被推了五米遠。一艘縱帆船被刮到殘垣斷壁間，離海邊有一百八十米。後兩波潮水跟著第一波，在潮退的時候帶走了許多漂流殘骸。在港灣，一艘船被高高拋向海灘，又被潮水捲走，再一次被送到海灘，又被海水捲走。在另一個地方，兩隻停靠得很近的大艦船被轉來轉去，它們的纜繩三次纏結在一起；雖然拋錨在十米深的地方，它們還是長時間擱淺了。

大波浪也許移動得稍許緩慢，塔爾卡瓦諾的人有時間跑到鎮後的小山。一些海員，在海浪到來之前向海裡奔跑，能成功地跑到船上，安全地乘風破浪。一個老婦人和一個四、五歲的小男孩，衝到一艘小船上，但是卻沒有人划船，結果這

胡安．費爾南德茲島（羅賓遜．克盧梭）

船撞向了錨，裂成兩半，老婦人淹死了，小男孩抓住船的殘骸，幾小時之後被救了出來。鹹水坑依舊滯留在殘垣斷壁之間。小孩子們用舊桌椅製作小船，顯得很高興，但大人們卻愁眉苦臉。魯斯先生以及他帶領的一大群人，第一個星期生活在蘋果樹下，像野炊一樣，民眾還顯得高興，但不久就來了大雨，引起許多不便，因爲他們沒有一點點可遮蔽風雨的地方。

在塔爾卡瓦諾的一般民眾認爲，地震是一些印第安老女人引起的。這些印第安老女人兩年前被得罪了，她們曾經阻止了安圖科火山的爆發。這種愚蠢的想法很有意思，因爲它顯示了經驗教導他們去觀察：被壓制的火山爆發和地面震顫之間有關係。

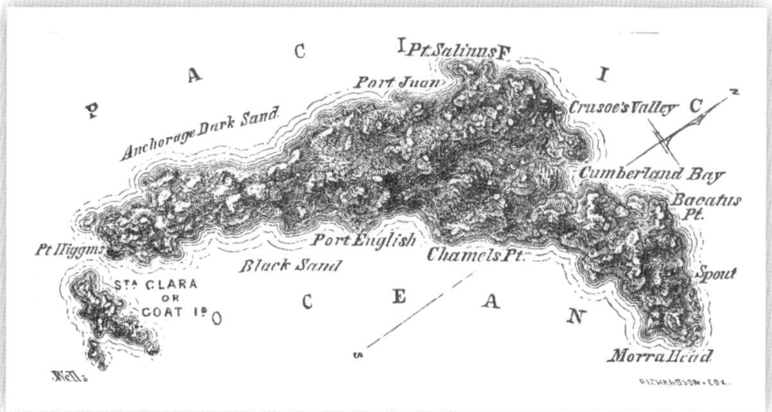

胡安·費爾南德茲島（羅賓遜·克盧梭）

特別是在這種情況下，據船長費茲羅說，有理由相信安圖科沒有被影響。然而在二十日大地震這天，距此地西北五百八十公里的胡安·費爾南德斯島，卻在劇烈地搖晃，許多樹都被震得互相撞擊，靠近海岸的一座海底火山迸發出熔岩。這些事實很引人注目，因爲在一七五一年的這次地震中，這海島比起其他和康賽蒲賽翁同等距離的地方，受到更大的影響，看起來這兩個地方有地下的連接。

奇洛埃，距離康賽蒲賽翁的南部五百四十七公里，比起瓦爾的維亞的附近地區，顯得震動更加劇烈，然而瓦爾的維

羅賓遜·克盧梭

亞的維拉萊卡火山沒有被影響，而在奇洛埃對面的科迪勒拉的兩座火山同時強力爆發。這兩座以及附近的火山爆發持續了很長一段時間，十個月之後又被康賽蒲賽翁的再次地震影響。一些人在這些火山之一的山腳附近砍柴，卻沒有感受到二十日的地震，雖然整個附近省份都在顫抖。

這兒成了一個人們減輕火山災難的地方，一個地震避難所；根據一般人的信仰，如果安圖科的火山沒有被巫師封住，康賽蒲賽翁可能不會地震。兩年多後瓦爾的維亞和奇洛埃又地震了，比起二十日的破壞性更大。喬諾斯群島中的一座島嶼永久地增高二．四米。我們可以自信地作出結論：這些剛發生時輕微、慢慢抬高了大陸的力量和那些隨後從火山孔噴出物質的力量，是一樣的。

很值得注意的是，塔爾卡瓦諾和卡亞俄（靠近利馬），這兩個地方都處在很大又很窄的灣頭，在每次嚴重地震中遭受海嘯波浪之害；而瓦爾帕萊索，坐落在深水邊緣，雖然經常遭受震動，但沒被完全擊倒。

我不想去描繪康賽蒲賽翁展露的所有細節，因爲我感到很難去傳遞那些我經歷過的亂七八糟的感覺。一些船上官員在我之前就去看過，但他們的語言卻沒能描述那場景的淒涼。

看到花了那麼多時間和勞動完成的成果在一分鐘之內被摧毀，是很痛苦和羞恥的事。然而，我對當地人的同情在一剎那間被眼前景象所引發的驚訝替代了，雖然很長時間以來，我已經習慣於對新奇的事物熟視無睹了。在我看來，自從離開英格蘭，我們很少看到這麼有意思的事。

單單地震就足夠摧毀任何國家的財產，如果潛伏在英國腳下的力量顯示出它的威力，這在以前地理年代毫無疑問顯示過，那麼整個英格蘭會變成什麼樣？如果新的地震活動期開始，在死寂沉沉的夜間一些大地震爆發，那麼，高樓、擁擠的城市、大工廠以及美麗的公有和私人大廈，將會變成什麼樣子？那種大屠殺多麼可怕，英格蘭馬上就會瀕臨毀滅。所有的紙張、記錄和賬目將在瞬間消失。政府將無法徵收稅收，無力保持權威，暴力和劫掠不能受控制。在大城鎮饑荒將開始，流行病和死亡隨之而來。

五月十四日我們到達了科金博，晚上船長費茲羅和我及英國此地居民愛德華先生一起吃晚餐，一個短的地震開始了，我聽到了遠方傳來的轟鳴聲，但是在女士的尖叫、僕人跑動和幾個紳士衝出門口的雜音中，我分辨不清聲音。一些婦女隨後恐懼哭叫，一個紳士說他晚上不能入睡，如果入睡了，就夢見房子掉落下來。這個人的父親最近在塔爾卡瓦諾失去了所有財產，他本人於一八二二年在瓦爾帕萊索勉強躲過一塊掉落的屋頂。他提到一個有趣的巧合，他當時在玩牌，一個德國人，也是牌友，站起來說，他永遠不願意坐在這個國家房門緊閉的房間（出於他以前遇到過的危險，在科皮亞波差點丟掉老命）。於是他打開了門，很快就聽到他大叫：「它又來了」，著名的地震開始了，屋裡所有人都逃走了。危險不是在地震發生時沒把門打開，而是牆壁震動門被卡住。

然而，對土著和老居民的過度恐懼，不用太過驚訝，這些土著以及老居民，雖然他們之中的一些人有很強的意志力，普遍經歷過地震。但所表現出的過度的恐懼可能部分應歸結於，他們沒有控制恐懼的習慣，這不是一種會讓他們感到羞恥的情感。實際上，土著居民不願意看到漠不關心的人。我聽到兩個英國人說，在一次有感地震時他們在空曠地睡覺，知道沒有什麼危險，就沒爬起。土著們憤怒地叫，「看，這些異端，他們甚至不從他們的睡袋裡爬出」。

降雨

從瓦爾帕萊索沿海岸向北出發，這個國家變得越來越荒蕪。在山谷，很少有水足夠灌溉。附近地面相當裸露，草少得不夠山羊吃飽。在春天經過幾場冬雨後，貧瘠的牧場迅速變綠，牛群從科迪勒拉山下來，能在一小段時間內吃到青草。去考察草和別的植物如何使自己適應這雨量（好像是我的習性），是很有趣的。雨水落在海灘沿岸各個地方。在科皮亞波，一次降雨對植物的作用能比得上在古爾斯克（Guasco）的兩次降雨，比得上在肯查理（Con Chalee）的三、四次降雨。在瓦爾帕萊索，冬天是如此的乾燥，以至會傷害草場。在肯查理、瓦爾帕萊索一百公里以北，不到五月末不會有降雨，而在瓦爾帕萊索，一般在四月初降雨。

五月十七日早上在科金博，只輕輕地飄灑了五個小時的雨，這是一年來的第一次降雨。海岸邊潮濕，在這裡種玉米的農人，利用降雨的機會，開始破土耕田。第二次降雨後，他們播種，如果有第三次降雨，他們可以希望今年有好收成。考察這點滴的雨所起的作用是很有趣的，十二小時過後地面變回像往常一樣乾燥。

然而在十天之內，所有的小山都被染成一塊塊煙暈綠，草稀稀疏疏。在這場雨來臨之前，這裡的每一寸土地都和公路一樣光禿禿的。「荒蕪」和「貧瘠」這兩個綽號當然適合北智利。然而即使是這裡，也有十八平方米的地方長著小灌木——仙人掌，或青苔，不注意觀察，就察覺不到。在地下，種子處在休眠狀態，準備在第一次冬雨時發芽。

在科皮亞波谷地，一小部分耕地不需要太依靠不均的降雨以及其帶來的不規則灌溉。今年的河水異常豐富，在河谷處漲得很高，都到了馬肚子的高度，有十五米寬，流速很快，越往下游變得越來越小，通常到盡頭消失。在過去三十年裡，都是一樣，沒有一滴水到達大海。

當地人滿富興致地看科迪勒拉的風暴，一場降雪意味著來年能向他們提供水。在位置低的地區，降雪所帶來的水量比降雨多得多，而且更加頻繁。降雨經常每兩、三年一次，只要下雨就能給這裡帶來很大的好處，因爲牛和騾子在其後一段時間能在山上找到一塊地方吃草。但是如果沒有下雪，整個河谷就全變得荒蕪。記錄顯示，有三次居民被迫移居到南方，今年有豐沛的雨水，每個人都能任其所欲地灌溉農田。但是經常需要一個士兵在水閘上，在這星期的一些時間裡觀察每塊田地，以免有人使用超過配給的用水。

動物的冬眠

一八三二年九月七日我們第一次到達布蘭科港，我們認爲大自然賦予這塊乾沙地很少的生物。然而往地下挖掘，有幾隻昆蟲、大蜘蛛、蜥蜴等處在半休眠狀態。十五日，一些動物開始出現，十八日，所有事情都在宣佈春天的來臨。平原上裝點著粉紅酢漿草、野豌豆、天竺葵，鳥兒開始下蛋。許多昆蟲緩慢地彎來曲去；蜥蜴一族，沙地的永久「居民」，向四面八方遊動。在第一個十一天，自然處在休眠狀態，平均氣溫是攝氏十一度，中午氣溫很少高於攝氏十三度的；在下一個十一天，所有的生物都被喚醒，充滿活力，平均氣溫達到攝氏十五度，白日溫度在攝氏十六至二十一度之間。然後，其中一天天氣極度的熱，這足夠喚醒所有的生物。在我們剛剛航行過的蒙特維的亞，在包括七月二十六日和八月十九日的二十三天，平均氣溫是攝氏十五度，最熱是攝氏十九度，最冷時攝氏八度。溫度計上顯示最冷的一點爲攝氏十五度，中午的氣溫偶然也會闖到攝氏二十一度。雖然在如此高的溫度下，幾乎所有的甲殼蟲，幾種類型的蜘蛛，蝸牛，陸殼蟲（land-shell），蟾蜍和蜥蜴，仍都在石頭底下冬眠。但我們看到在更高緯度

白頭翁

的南部布蘭科，氣候僅僅稍冷一點，同樣的溫度，已經足夠喚醒各種各樣的生命。這顯示，是由這個區域的通常氣候，而不是絕對的熱度，來喚醒冬眠的生物的。

海洋

什麼是浩瀚海洋的榮耀呢？一種沉悶的空曠，一種水的「沙漠」，阿拉伯人如是形容。毫無疑問還有許多令人身心愉快的事情：一個有月亮的晚上，天空晴朗，波光閃爍，白色帆船充滿輕柔的信風；或是死一般的沉寂，除了粗帆布偶爾地抖動，海面好像上了漆，閃閃發光。然而，偶爾也可欣賞一場狂暴的暴風雨，或狂急的大風和山一樣的波浪。然而，我承認，我想像中的暴風雨還有更加壯觀、更加恐怖的場景。當一場暴風雨來臨，這是不可比擬的好景象，瘋舞的樹木，狂飛的雁鳥，黑色的陰影，白色的閃光，急湧的洪流，一切的一切，那些不固定的東西互相碰撞。

在海上，白頭翁和小海燕飛舞著，好像暴風雨就是牠們的天下。潮水湧起和後撤，好像在執行它們的日常職責。輪船和乘客看起來是暴怒的對象。在一個經受暴風雨打擊的淒涼沙灘，風景是不一樣的，更多讓人感到的是恐懼，而不是歡喜。

沒有航行過太平洋，就不能理解它的廣大。快速地向前好幾個星期，我們所見都是一樣的藍色和深深的海洋，甚至在群島之中，小島也只是斑斑點點，間距遙遠。當一個人習慣於看小比例地圖，總覺得地圖上的點、陰影、地名都擠在一起。我們不能判斷，對於廣闊無邊的海洋，陸地的比例不知有多小。

潟湖島

在一八三六年四月一日，我們看到了印度洋的基林（或稱科克斯島）。該島離蘇門答臘島約九百公里，這是珊瑚礁構成的眾多潟湖島之一。它環形分佈的珊瑚很大部分之上是一些狹窄的小島嶼。在北部或順風的一邊有一個灣口，船隻可以駛入環礁裡清澈、低淺、平靜的停泊所。這環礁湖底下是大片的白沙，當陽光垂直

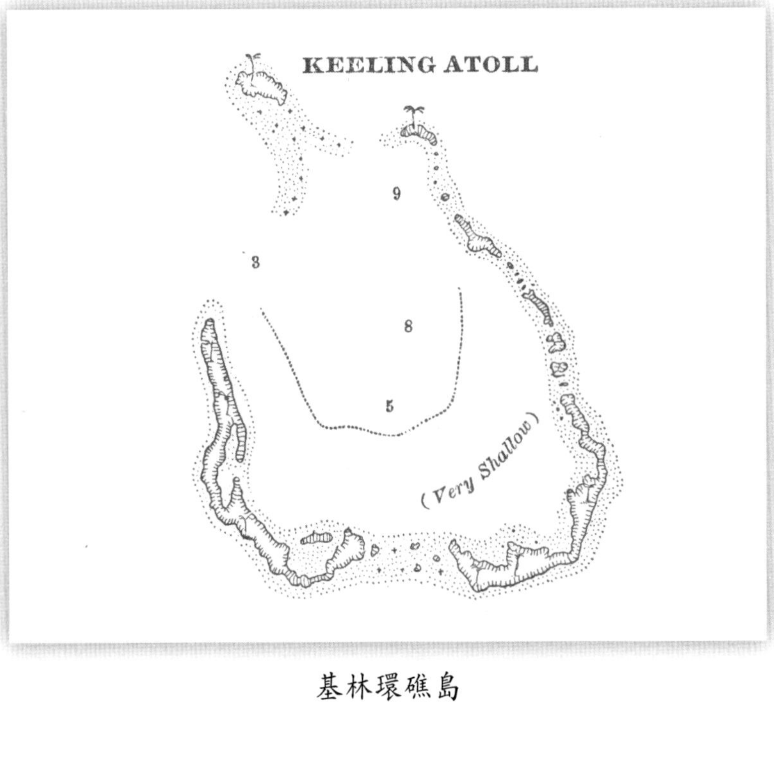

基林環礁島

環礁湖之景

照射，就變得非常地鮮活、非常地綠。六日，我陪伴船長費茲羅去環礁湖頂部的一個小島嶼，水道相當有趣，彎彎曲曲經過一個枝葉細緻的珊瑚叢，到達了環礁湖頂部。我們穿過一個小島嶼，風浪很大，看到浪花在拍打著海岸。

我感覺這些潟湖島外面的景觀更加宏偉壯觀，但我解釋不出緣由。屏障一樣的沙灘顯得很簡單，有綠色灌木和高大的椰子樹，平坦的死珊瑚岩，東一塊西一塊，還有它們非常鬆散的碎片；猛烈的波浪，拍擊著海岸，然後向兩邊退散。海水湧過珊瑚礁，顯得非常強大，能摧毀一切。

然而，它也用看似微弱無效率的方法

抵抗甚至征服了海灘：大塊的珊瑚岩散落在珊瑚礁上，在沙灘上堆積；灘上高高的椰子樹搖曳生姿，清楚地顯示波浪不停歇的力量。溫和但持續的信風引起長長的海浪湧動，信風總是在大海域裡朝同個方向吹刮，引起的海浪和溫帶地區刮起大風的力量一樣大，並且從不停止咆哮。看了這波浪，你很難不會有這樣的斷言：一個海島，雖然由最堅固的石頭構成，不管是斑岩、花崗岩還是石英岩，將最終屈服於不可阻

椰子樹葉

珊瑚「建築師」

擋的風浪，全部毀滅掉。

然而這些低矮無足輕重的珊瑚島頂住了風吹浪打，取得了最後的勝利。因爲在這裡，另一種力量，作爲反作用力，參與了進來。

活的珊瑚蟲從其泡沫劑裡排出一粒粒的碳鈣粒子，結合起來構成了對稱的石結構。即使颶風把它撕裂一千次，然而，這些柔軟而又充滿黏膠的珊瑚蟲，這些難以數清的無數「建築家」日日夜夜、月月年年構建起來的作品，透過生命法則，征服了海洋風浪的巨大威力。這海洋的威力，既不是人工作品，也不是自然無生命的作品能夠成功抵禦的。

基林島北部許多千米之外，有一個更小的珊瑚島，潟湖裡差不多填滿了珊瑚泥。

羅斯船長在外灘發現了一個嵌入礫岩的造型很好的綠岩，比一個人的腦袋還要大。他和他的手下非常驚訝，於是把它帶回國內，當作奇珍保存。這綠岩所有成分都是石

珊瑚蟲

灰。該綠岩的出現或產生，確實讓人困惑。這個島幾乎沒人來過，也不可能有一艘船在這裡擱淺。因爲沒有人做出更好的解釋，所以我就試著做個結論：我猜想，它可能曾和一些大樹的根糾結在一起。然後，我考慮該島和最近大陸的距離，以及一塊石頭被大樹根糾結的概率，然後，大樹被沖入海裡，漂泊了很遠，然後安全著陸，這塊石頭因此一直植在樹裡，直至最後被發現。很有意思的巧合是，我發現夏米索，一位公正和傑出的自然學家，曾陪伴科茨布航行，他說，拉達克群島（在太平洋中部的一組潟湖島）的居民，撿拾散布在海灘上的樹根磨礪器具，有證據顯示，這種事情發生了很多次，因爲法律規定，這樣的石頭屬於

阿德爾伯特·夏米索，一個詩人兼自然學家，一七八一年一月二十七日在法國香檳省蓬庫爾特出生，父母是法國人，一八三八年八月二十一日逝世於柏林。他在小時候就和父母遷居到柏林，並在那裡接受教育，以後在普魯士軍隊參軍。他的作品由德文寫成。在一八一八到一八一八年的羅馬諾夫世界探險中，他跟隨科茨布，除了編寫一八二一年發表的一部分報告，還寫了首次於一八三六—一八三九年發表的獨立故事。對英國讀者來講，他最著名的作品就是《彼得·施米爾——一個失去影子的人》。

阿德爾伯特・夏米索

酋長，如果誰試圖偷走，就將接受懲罰。

四月十二日我們站在潟湖外面，在我們去法蘭西島的路上，我很高興我們參觀過這樣的島嶼：在大千世界中，這樣的島嶼應該具有很高的知名度。費茲羅船長發現，此島中心離海岸僅二千米遠，在海面上二千米。因此，這個海島形成一座非常高的海底山，山的斜坡比那些最險峻的火山錐體都更陡峭。山頂形成的碟狀，差不多十六千米寬，在這頂上（然而，比起許多潟湖，要小）的每一微粒，從最小的微粒到石頭碎片，都帶有有機物的痕跡。

旅行的人告訴我金字塔的巨大規模以及別的遺跡，但是我覺得比起這些山上

奥拓·馮·科茨布，一七八七年出生在俄羅斯雷維爾，父母是德國人。一八四六年去世。一八〇三至一八〇六年他跟隨馮·克魯森斯特將軍航游世界。一八一五至一八一八作爲船長，和夏米索及其他人再一次全球航行。他的書《南海和白令海峽的「發現號」之旅》、《尋找東北航路》就源出與此（一八二一年，倫敦）。一八二三至一八二六是他的第三次也是最後一次航行，所發生的事都在《環球新航行》一書裡。

的石頭——這些由細微而弱小的生物堆積起來的石頭，顯得完全不能相提並論。這是一個奇蹟，這奇蹟在第一眼不會衝擊人的眼睛，但過後想想，它會衝擊人的思維。

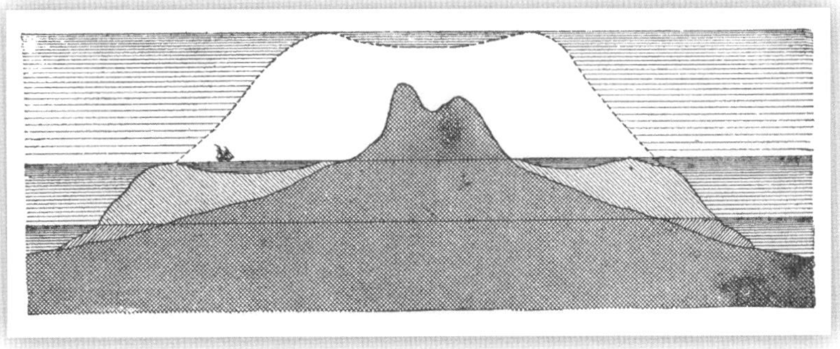

漸沉之山上的珊瑚生長

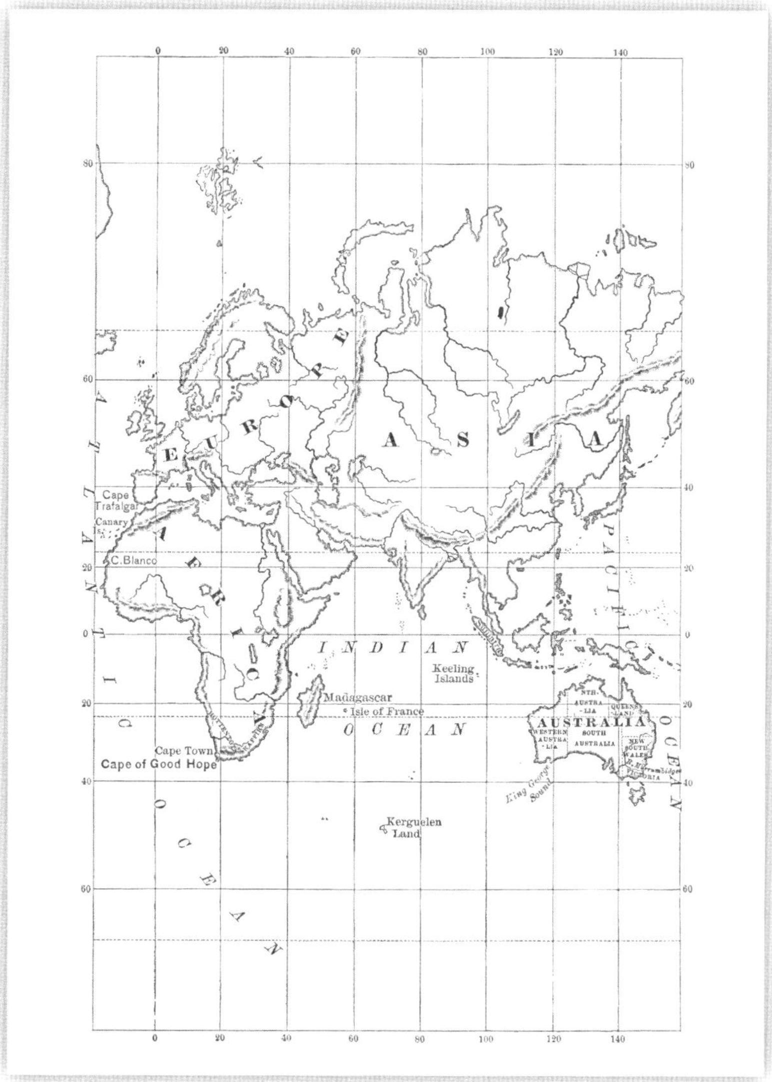
EUROPE
ASIA
AFRICA
ATLANTIC OCEAN
INDIAN OCEAN
PACIFIC OCEAN
AUSTRALIA
Cape Trafalgar
Canary Is.
C.Blanco
Cape Town
Cape of Good Hope
Madagascar
Isle of France
Keeling Islands
Kerguelen Land
King George Sound
WESTERN AUSTRALIA
NTH. AUSTRALIA
QUEENSLAND
SOUTH AUSTRALIA
NEW SOUTH WALES
VICTORIA

東半球

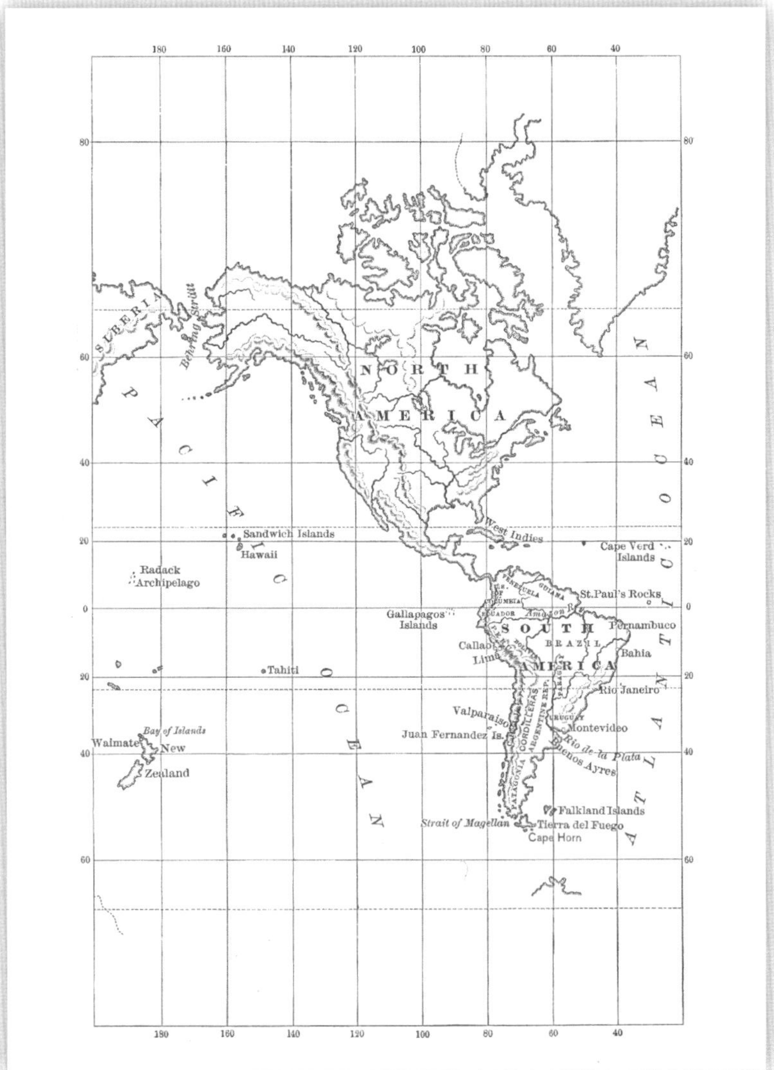
NORTH AMERICA
SOUTH AMERICA
PACIFIC OCEAN
ATLANTIC OCEAN
SIBERIA
Behring Strait
Sandwich Islands
Hawaii
Radack Archipelago
Tahiti
Bay of Islands
Walmate
New Zealand
West Indies
Cape Verd Islands
St.Paul's Rocks
Gallapagos Islands
Pernambuco
Bahia
BRAZIL
Callao
Lima
Rio Janeiro
Valparaiso
Juan Fernandez Is.
Montevideo
Rio de la Plata
Buenos Ayres
Falkland Islands
Strait of Magellan
Tierra del Fuego
Cape Horn
Amazon R.
VENEZUELA
GUIANA
ECUADOR
PERU
BOLIVIA
URUGUAY
PARAGUAY
ARGENTINE REP.
CORDILLERAS
PATAGONIA
CHILE
180
160
140
120
100
80
60
40
20
0

西半球

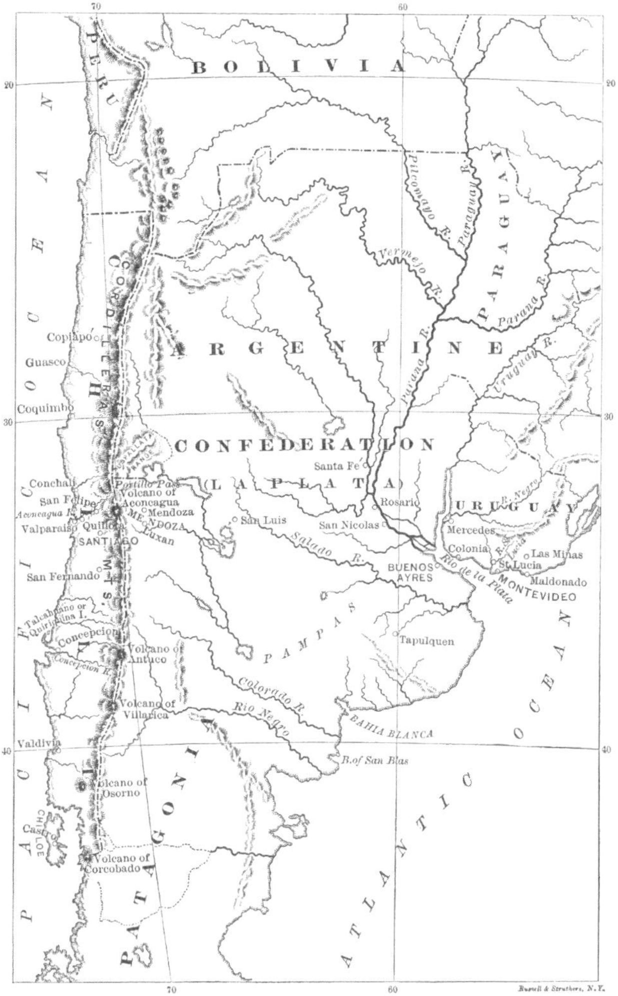
BOLIVIA
PERU
PARAGUAY
ARGENTINE
CONFEDERATION
(LA PLATA)
URUGUAY
PATAGONIA
PACIFIC OCEAN
ATLANTIC OCEAN
CORDILLERAS
Pilcomayo R.
Paraguay R.
Vermejo R.
Parana R.
Uruguay R.
R. Negro
Copiapo
Guasco
Coquimbo
Conchali
Portillo Pass
Volcano of Aconcagua
San Felipe
Aconcagua R.
Mendoza
MENDOZA
Valparaiso
Quillota
Luxan
SANTIAGO
San Fernando
Santa Fe
Rosario
San Luis
San Nicolas
Salado R.
BUENOS AYRES
Rio de la Plata
Mercedes
Colonia
Las Minas
St. Lucia
Maldonado
MONTEVIDEO
Tapulquen
PAMPAS
Concepcion
Concepcion R.
Volcano of Antuco
Colorado R.
Volcano of Villarica
Rio Negro
BAHIA BLANCA
Valdivia
B. of San Blas
Volcano of Osorno
CHILOE
Castro
Volcano of Corcobado
Russell & Struthers, N.Y.

智利，阿根廷，烏拉圭

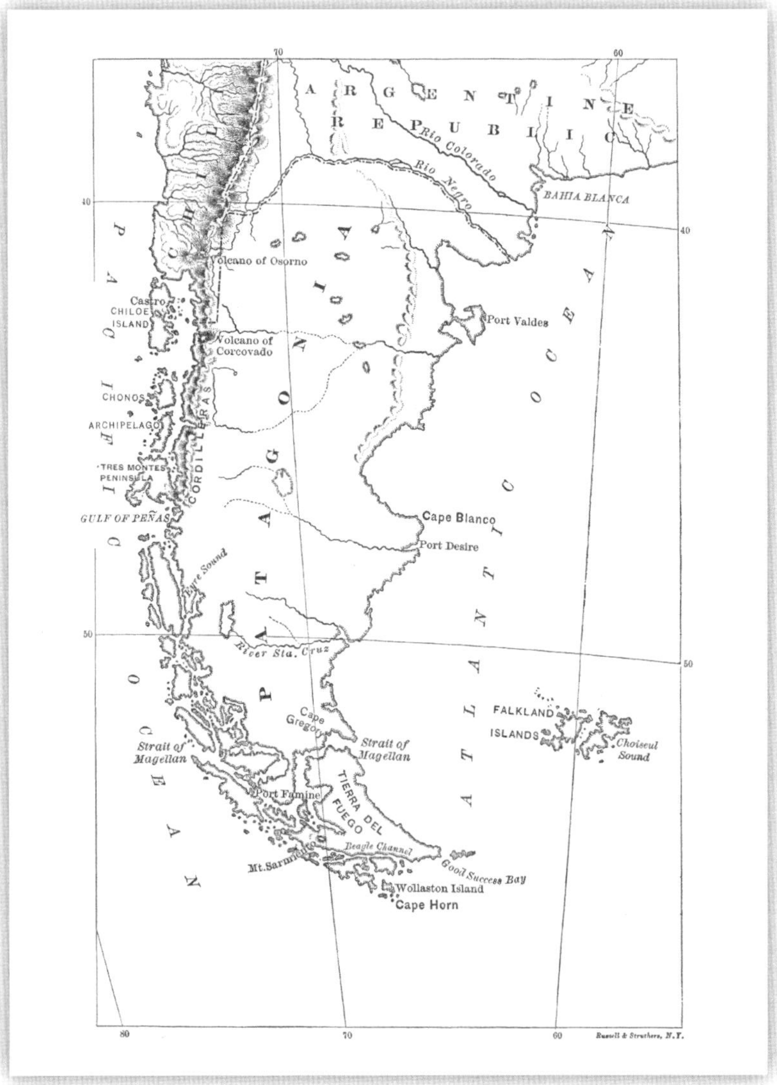
ARGENTINE REPUBLIC
Rio Colorado
Rio Negro
BAHIA BLANCA
CHILE
PACIFIC OCEAN
PATAGONIA
Volcano of Osorno
Castro
CHILOE ISLAND
Volcano of Corcovado
Port Valdes
CHONOS ARCHIPELAGO
TRES MONTES PENINSULA
CORDILLERAS
GULF OF PEÑAS
Cape Blanco
Port Desire
ATLANTIC OCEAN
Eyre Sound
River Sta. Cruz
FALKLAND ISLANDS
Choiseul Sound
Cape Gregory
Strait of Magellan
Strait of Magellan
TIERRA DEL FUEGO
Port Famine
Beagle Channel
Good Success Bay
Mt.Sarmiento
Wollaston Island
Cape Horn
40
50
60
70
80
Russell & Struthers, N.Y.

巴塔哥尼亞，火地島

博雅文庫 074

達爾文在路上看到了什麼

What Mr. Darwin Saw : In His Voyage Round the World in the Ship Beagle

作　　者　達爾文（Charles Darwin）
譯　　者　肖家延
審　　校　孔謐
發 行 人　楊榮川
總 編 輯　王翠華
主　　編　王正華
責任編輯　金明芬
封面設計　簡愷立
出 版 者　五南圖書出版股份有限公司
地　　址　106台北市大安區和平東路二段339號4樓
電　　話　(02)2705-5066
傳　　真　(02)2706-6100
劃撥帳號　01068953
戶　　名　五南圖書出版股份有限公司
網　　址　http://www.wunan.com.tw
電子郵件　wunan@wunan.com.tw
法律顧問　林勝安律師事務所 林勝安律師
出版日期　2014年4月初版一刷
定　　價　新臺幣280元

國家圖書館出版品預行編目資料

達爾文在路上看到了什麼／達爾文(charles Darwin)著；肖家延譯. -- 初版. -- 臺北市：五南, 2014.04
面；　公分
譯自：What Mr. Darwin saw : in his voyage round the world in the ship Beagle
ISBN 978-957-11-7584-3（平裝）
1.自然史　2.達爾文主義

300.8　　103005468